Christiane-Maria Drühe

Frustfrei!

Nicht ärgern, sondern ändern

BusinessVillage

Christiane-Maria Drühe
Frustfrei!
Nicht ärgern, sondern ändern
2. Auflage 2017
© BusinessVillage GmbH, Göttingen

Bestellnummern
ISBN 978-3-86980-226-8 (Druckausgabe)
ISBN 978-3-86980-227-5 (E-Book, PDF)

Direktbezug www.BusinessVillage.de/bl/920

Bezugs- und Verlagsanschrift
BusinessVillage GmbH
Reinhäuser Landstraße 22
37083 Göttingen
Telefon: +49 (0)551 2099-100
Fax: +49 (0)551 2099-105
E-Mail: info@businessvillage.de
Web: www.businessvillage.de

Layout und Satz
Sabine Kempke

Foto der Autorin
Probild-Studio München, www.probildstudio.de

Druck und Bindung
www.booksfactory.de

Inhalt

Frustfrei! Nicht ärgern, sondern ändern: Worum es geht

1

Fehlende Anerkennung und Wertschätzung, unzureichende Förderung, schlechte Mitarbeiterführung, Kollegen, die nur an die Optimierung ihrer eigenen Lage denken – das sind nur einige Punkte, die zur Motivationskrise vieler Mitarbeiter in Unternehmen führen. Vorgesetzte, die ständig Druck ausüben und immer mehr Arbeit – ganz zu schweigen von den eigenen Frustrationen – auf den Schultern ihrer Mitarbeiter abladen. Das Arbeitsklima leidet, mit Freude ist schon lange keiner mehr dabei.

Möglicherweise kommt Ihnen diese Situation bekannt vor und Sie haben sich schon oft gefragt, wo das noch hinführen soll. Für Sie wird diese Situation immer unerträglicher. Die Hoffnung, dass Ihr Vorgesetzter oder Ihre Kollegen sich ändern werden, haben Sie allerdings schon lange begraben.

Sie sind dieser Situation jedoch nicht ausgeliefert. Sie können Ihren Vorgesetzten und Ihre Kollegen zwar nicht verändern (und vor allem nicht manipulieren), allerdings haben Sie einen Einfluss darauf, wie Sie ihnen begegnen. Bedenken Sie: Sie brauchen Ihren Chef, aber Ihr Chef braucht Sie genauso – als leistungsfähige und motivierte Mitarbeiter und Mitarbeiterinnen. Ihre Kollegen sind ebenfalls auf Ihre Kooperation und Ihr Engagement angewiesen: Nur gemeinsam können Sie Aufgaben erledigen, Projekte abschließen, neue Projekte an Land ziehen … – oder mit anderen Worten gesagt an einem Strang ziehen, und zwar in die gleiche Richtung.

Der Geheimtipp heißt: Führen Sie Ihren Chef und Ihre Kollegen. Sie haben ganz richtig verstanden: Ihr Vorgesetzter ist Führungskraft und Sie sind ihm unterstellt, jedoch haben auch Sie Möglichkeiten, Ihren

Chef zu führen. Dieses Vorgehen wird auch als Führung von unten bezeichnet, da Sie in der Hierarchie unter Ihrem Vorgesetzten stehen.

Auch wenn Sie mit Ihren Kollegen auf einer Hierarchie-Stufe stehen, können Sie diese führen. Das ist dann Führung auf Augenhöhe.

Führung von unten heißt, dass Sie sich auf die Bedürfnisse, Wünsche und Erwartungen Ihres Chefs einstellen und diese bei Ihrem Vorgehen berücksichtigen. Führung auf Augenhöhe heißt, dass Sie sich auf die Bedürfnisse, Wünsche und Erwartungen Ihres Kollegen einstellen und diese bei Ihrem Vorgehen berücksichtigen. Das bedeutet allerdings nicht, dass Sie sich bei Ihrem Chef oder Ihren Kollegen »einschleimen«, ihnen von nun an alles recht machen und Ihre eigenen Interessen aufgeben sollen.

Allerdings hilft es Ihnen, wenn Sie nach gemeinsamen Interessen und Wertvorstellungen suchen, anstatt nur nach Unterschieden und dem, was Sie trennt.

Führung von unten oder auf Augenhöhe heißt auch, dass Sie Dinge vermeiden, die Ihren Chef oder Ihre Kollegen verärgern, vor allem wenn Sie die Wahl haben, ihnen diese auch in »ihrer Sprache« zu verdeutlichen. (Es kann allerdings auch Gespräche geben, bei denen Sie nicht umhinkommen, Ihren Vorgesetzten zu verärgern, insbesondere wenn er seine eigenen Führungsaufgaben nicht verantwortungsvoll wahrnimmt.)

Führung von unten beziehungsweise auf Augenhöhe heißt, dass Sie Ihrem Vorgesetzten und Ihren Kollegen auf ihrer Sonnenseite begegnen, also ihre bevorzugten Kommunikations- und Arbeitsstile, ihre

Lieblingsthemen und ihre Vorlieben berücksichtigen – ohne dabei Ihre eigenen Vorstellungen zu vernachlässigen.

Begleiten Sie sie ein Stück auf ihrer Sonnenseite. Wenn Sie in Bezug auf das Wie, also die Art der Beziehungsgestaltung, Ihrem Chef oder Ihren Kollegen entgegenkommen, werden Sie merken, dass es viel leichter ist, in Bezug auf das Was, das heißt die Inhalte, eine Einigung herbeizuführen und gemeinsam an einem Strang (in die gleiche Richtung!) zu ziehen.

In den folgenden Kapiteln lernen Sie eine Reihe von Strategien kennen, wie Sie die Menschen in Ihrem beruflichen Umfeld dazu bringen können, dass sie Sie bei Ihren Ideen und Zielen unterstützen. Voraussetzung dafür ist, dass Sie bereit sind, Ihren Vorgesetzten und Ihre Kollegen kennenzulernen und sich zum Wohle Ihrer Interessen ein Stück auf sie einlassen. Diese Strategien eignen sich übrigens nicht nur für den Einsatz im Arbeitsleben. Sie werden Ihnen auch in Ihrem privaten Umfeld weiterhelfen.

Ein weiteres Kapitel beschäftigt sich mit Ihnen. Natürlich gibt es Situationen und Entwicklungen in Unternehmen, die es unabdingbar machen, den Arbeitgeber zu wechseln. Doch besteht dabei leicht die Gefahr, dass Sie vom Regen in die Traufe kommen. Sie können zwar Ihren Vorgesetzten oder Ihre Kollegen hinter sich lassen. Eine Person nehmen Sie jedoch mit: sich selbst. Sie sind die einzige Person, deren Verhalten Sie ändern können. Deshalb ist es wichtig, dass Sie sich besser kennenlernen und wissen, was Sie brauchen, damit es Ihnen bei der Arbeit – und auch in Ihrem Privatleben – gut geht.

Sie sind der Situation, in der Sie sich befinden, nicht ausgeliefert. Sie können etwas verändern. Wie, das erfahren Sie in diesem Buch. Es erfordert jedoch einigen Einsatz von Ihnen: den Mut, Entscheidungen zu treffen, die Kraft, diese umzusetzen und das Durchhaltevermögen, um auch bei Rückschlägen am Ball zu bleiben. Für diesen Einsatz werden Sie jedoch bald belohnt werden: mit mehr Zufriedenheit und weniger Frust in Ihrem Leben.

Bereits der antike griechische Dichter Äsop beschrieb in seiner Fabel *Der Nordwind und die Sonne*, dass wir mit Härte und Kampf meistens nicht weiterkommen. Sie führen dazu, dass sich unser Gegenüber verschließt. Mit Freundlichkeit und Wärme erreichen wir hingegen meistens mehr. Auch wenn wir uns selbst mit Wohlwollen begegnen.

Der Nordwind und die Sonne stritten sich, wer der Stärkere sei. Schließlich einigten sie sich darauf, ihre Kräfte daran zu messen, wem es eher gelänge, einem Wanderer das Gewand herunterzuziehen. Der Nordwind begann und blies mit aller Kraft. Der Wanderer wickelte sich immer fester in sein Gewand. Als der Nordwind noch stärker blies, holte er aus seinem Rucksack noch einen Umhang heraus und zog ihn über. Da gab der Nordwind auf. »Nun bist du an der Reihe«, sagte er zur Sonne. Die schien milde auf den eingemummten Wanderer, der schon bald seinen Umhang wieder ablegte. Dann stieg die Sonne höher, streichelte den Wanderer mit ihren Strahlen und wärmte ihn immer mehr. Schließlich wurde es dem Wanderer zu heiß, er legte alle Gewänder ab und stürzte sich in einen kühlenden Bach. [1]

Probieren Sie es aus! Sie werden merken, dass Sie sich dabei nicht verbiegen müssen und Ihre eingesparte Energie effektiver einsetzen können.

In meinen Coachings und Seminaren habe ich über die Jahre hinweg viele Erfahrungen gesammelt, die in dieses Buch eingeflossen sind. An dieser Stelle möchte ich mich für das Vertrauen und die Offenheit, die mir meine Seminar-Teilnehmer(innen) und meine Klientinnen und Klienten im Coaching entgegengebracht haben und mit denen sie mir nach wie vor begegnen, bedanken – ebenso für ihren Mut, neue Wege zu beschreiten. Auf diesem Weg, auf dem ich sie jeweils ein Stück begleiten durfte, habe ich vieles gelernt und wertvolle Anregungen – für meine Arbeit, aber auch für meine eigene Entwicklung – bekommen. Die Fallbeispiele sind selbstverständlich so verfremdet, dass keine Rückschlüsse auf existierende Personen möglich sind.

Im privaten Bereich möchte ich mich bei einem Menschen bedanken, der mir ungezählte Stunden seiner kostbaren Zeit für wohlwollend-kritische und hinterfragende Gespräche, nachdenkliche Anmerkungen und wertschätzende Rückmeldungen geschenkt hat. Danke dir, Edwin!

Zur Sprachregelung in diesem Buch: In meinen Ausführungen nenne ich aus Gründen einer gefälligeren Lesbarkeit oft nur die männliche Form, die weibliche Form ist selbstverständlich immer mitgedacht und -gemeint. Ich hoffe, dass Sie sich trotzdem angesprochen fühlen können!

Dafür brauchen Sie Ihren Chef und Ihre Kollegen

2

Haben Sie sich schon einmal gefragt, wozu es Führungskräfte überhaupt gibt? Möglicherweise werden Sie jetzt denken: »Ist doch klar, dass es sie gibt. Die braucht doch jedes Unternehmen.« Ja, Unternehmen brauchen Führungskräfte, aber mit welchem Ziel? (Außer dem Ziel, dass sie sehr viel arbeiten und noch viel mehr Geld verdienen.)

Wozu Unternehmen Führungskräfte brauchen

Führung ist psychologisch betrachtet ein Gruppenphänomen. Das heißt, dass sich, sobald mehrere Menschen zusammenkommen und gemeinsam bestimmte Aufgaben bewältigen wollen oder sollen, Rollenverteilungen herauskristallisieren: Wer ist für was zuständig? Wer vertritt die Gruppe nach außen und ist der Sprecher der Gruppe? Wer führt das Wort innerhalb der Gruppe? Diese Prozesse sind selbst bei informellen Gruppen zu beobachten, bei denen nicht ausdrücklich ein Gruppenführer bestimmt oder gewählt wurde. Der Gruppenführer soll zeigen, wo es langgeht. Er bestimmt (mehr oder weniger demokratisch), welche Ziele wie erreicht werden sollen.

Nach der kurzen und knappen Definition des renommierten Wirtschaftspsychologen Professor Lutz von Rosenstiel ist Führung zielbezogene Einflussnahme.[2] Menschen sollen dazu gebracht werden, ein bestimmtes Ziel zu erreichen. Die Diskussion, ob Menschen geführt werden wollen oder ob sie geführt werden sollen, ist eher ideologischer Art. Fakt ist jedoch, dass Führung passiert. Auch in informellen Gruppen oder im privaten Bereich – selbst in der Partnerschaft oder der Familie (nur nennt es da keiner so).

Führung braucht Hierarchien, also eine höhere Stufe, auf der der Führende steht, und eine niedrigere Stufe, auf der sich die Geführten befinden. Der Sinn von Hierarchien ist es, nach innen und nach außen Macht, Status und Zuständigkeiten zu dokumentieren. Es ist sofort offensichtlich, wer für was zuständig und verantwortlich ist und wer das Sagen hat. Hierarchien sollen Effizienz und Effektivität in Unternehmen in einer immer komplexer werdenden Umwelt gewährleisten – was ihnen gelingt, sofern sie nicht starr und überbürokratisiert sind.

Führungskräfte oder Vorgesetzte sind ein zentraler Bestandteil von Hierarchien. Sie führen sozusagen die Abteilungskästchen in den Firmen-Organigrammen an.

KOMPAKT

Führung ist ein sich selbst organisierendes Phänomen. In Unternehmen würde der Verzicht auf Führung zu einem heillosen Chaos bis hin zum wirtschaftlichen Untergang führen, in dem alle möglichen persönlichen Ziele verfolgt würden, jedoch nicht die Firmenziele. Deshalb werden in Firmen gezielt Führungskräfte eingesetzt und hierarchische Strukturen entwickelt. Dieser Prozess ist auch in Firmen mit sogenannten flachen Hierarchien zu beobachten. Macht und Status werden dort möglicherweise durch andere, subtilere Merkmale dokumentiert.

Die Aufgaben von Führungskräften

Was sind nun die Aufgaben von Vorgesetzten? Wozu brauchen Unternehmen Führungskräfte? Und wie sieht die ideale Führungskraft aus? In Bezug auf ihre Persönlichkeit werden an Führungskräfte immer ganz besondere Erwartungen gestellt, sie sollen am besten Universalgenies sein. Der international bekannte Management-Experte Fredmund Malik[3] setzt dem allerdings entgegen, dass die Frage nach der Wirksamkeit einer Führungskraft viel wichtiger ist als die nach idealen Eigenschaften. Nach seiner Meinung lautet die zentrale Frage zur Führung: Wie ist es zu schaffen, dass gewöhnliche Menschen befähigt werden, außergewöhnliche Leistungen zu erbringen?

Vorgesetzte sind das Sprachrohr zwischen dem Top-Management und den Mitarbeitern ihrer Abteilung:

- Sie brechen die Unternehmensziele auf die Ebene ihrer Mitarbeiter herunter und geben ihnen ihre Aufgaben vor.
- Sie stellen durch entsprechendes Controlling sicher, dass die Mitarbeiter ihre Aufgaben erfüllen.
- Sie tragen Verantwortung für ihre Abteilungen und ihre Mitarbeiter.
- Sie sind auf bestimmte Unternehmensbereiche, Themen und Fragestellungen spezialisiert.
- Vorgesetzte sind der persönliche Ansprechpartner der Mitarbeiter.
- Sie übernehmen Vorbildfunktion und sind Mentoren.

Im Idealfall sagt Ihr Chef Ihnen also, was Ihre Aufgaben und Verpflichtungen sind, welche Perspektiven Sie im Unternehmen und welche Spielregeln Sie zu beachten haben. Er gibt Ihnen Feedback über Ihre Leistungen. Ihr Chef trägt große Verantwortung und leistet mit seiner Arbeit einen wichtigen Beitrag dazu, dass die Unternehmensziele erreicht werden.

Auf welcher Basis erfüllt er diese Aufgaben als Führungskraft? Er wird mindestens von einem der folgenden Merkmale mehr aufweisen als Sie: fachliche Kompetenz, berufliche Erfahrung, Lebenserfahrung oder Qualifikationen. Vielleicht war er auch zur richtigen Zeit am richtigen Ort. Auf jeden Fall ist er von der Unternehmensleitung mit einer Führungsrolle betraut worden und ist damit Ihr Chef. Das müssen Sie akzeptieren. Dabei spielt es keine Rolle, für wie kompetent oder inkompetent Sie Ihren Vorgesetzten halten.

Beispiel: Der »inkompetente« Chef

Besonders junge Hochschulabsolventen berichten in meinen Coachings immer wieder, dass ihr Chef fachlich nicht kompetent und daher als Vorgesetzter ungeeignet sei. Immer würden ihre Ideen und Vorschläge abgeblockt. Das sei frustrierend. Nach einigen Sitzungen gelingt meinen Klienten oft ein Perspektivenwechsel: Nicht der Chef ist das Problem, sondern sie haben Schwierigkeiten, sich in das Rollengefüge ihrer Firma einzuordnen. Nach diesem Aha-Erlebnis ist es meistens möglich, die Beziehung zu ihrem Vorgesetzten konstruktiv zu gestalten.

TIPP

Akzeptieren Sie Ihren Chef als Ihren Chef. Es hat Gründe, weshalb er Ihr Vorgesetzter ist – auch wenn Sie diese nicht kennen oder nicht verstehen. Je eher Sie ihn in seiner Rolle akzeptieren, desto leichter wird es Ihnen gelingen, sich auf ihn einzustellen und ihn zu führen.

Die Bedeutung ungeschriebener oder geheimer Spielregeln

In Unternehmen gibt es – je nach Unternehmenskultur – eine ganze Reihe von Spielregeln. Einige sind dokumentiert und damit für jeden nachvollziehbar, beispielsweise die Kleiderordnung (der sogenannte Dress-Code) oder welcher Hierarchieebene welcher Dienstwagen mit welcher Ausstattung zusteht.

Schwieriger wird es bei den ungeschriebenen Spielregeln. Viele Mitarbeiter kennen und halten sie genauestens ein, sie sind allerdings nirgendwo festgehalten, manchmal Auslegungssache oder sie werden von verschiedenen Vorgesetzten unterschiedlich gehandhabt. Ungeschriebene Spielregeln bergen damit ein erhebliches Fettnapf-Risiko.

Wenn Sie Ihren Chef nun für sich gewinnen möchten, muss es Ihr erstes Interesse sein, diese ungeschriebenen Spielregeln kennenzulernen. Denn das oberste Gebot lautet: Spielregeln kennenlernen und mitspielen!

Folgende Punkte gilt es dabei zu erkunden:

- Wie sieht es mit der Pünktlichkeit bei Terminen aus? Wer darf wie viel zu spät kommen? Manche Chefs kommen notorisch zu Besprechungen zu spät, aber Gnade dem Mitarbeiter, der sich diese »Unverschämtheit« herausnimmt.
- Wie verbindlich oder unverbindlich sind Vereinbarungen? Das gilt insbesondere für Vereinbarungen mit Ihnen und von Ihrem Chef. Gelten für Sie die gleichen Regeln?

- In welcher Art und Weise darf Kritik geäußert werden? Darf das Verhalten Ihres Chefs kritisiert werden oder ist das ein Don't? Und wenn sein Verhalten kritisiert werden darf, kann Ihr Vorgesetzter konstruktive Kritik vertragen?
- Welche Vorstellungen herrschen über die tatsächlich zu leistende Arbeitszeit? Werden Sie schief angeguckt, wenn Sie sich erdreisten nach zehnstündigem Arbeitstag abends um 19 Uhr und vor Ihrem Chef nach Hause zu gehen?
- Wer geht mittags mit wem zusammen in der Kantine essen? Dürfen Sie mit Ihrem Vorgesetzten zusammen an einem Tisch sitzen oder werden Sie dann schief angeguckt? Gibt es Tische, die für bestimmte Hierarchiestufen reserviert sind?
- Ist Ihr Chef für Sie jederzeit ansprechbar – etwa gemäß der Politik der offenen Türen – oder nur nach Terminvereinbarung?
- Wie geht Ihr Chef mit Konflikten um? Es gibt beispielsweise Firmen, in denen Konflikte schlichtweg unerwünscht sind. Also werden Konflikte dort geleugnet, nicht angesprochen und stillschweigend unter den Teppich gekehrt.
- Wie werden Entscheidungen getroffen? Bezieht Ihr Chef Sie und andere Mitarbeiter bei der Entscheidungsfindung ein, diskutiert er Alternativen oder werden Sie vor vollendete Tatsachen gestellt?
- Und dann noch ein ganz heikles Thema: Dürfen Sie ein Auto fahren, dass der Fahrzeugklasse Ihres Vorgesetzten entspricht – egal wie preiswert auch immer Sie dieses erstanden haben?

Manche dieser Spielregeln mögen Ihnen albern oder antiquiert vorkommen. Das sind sie vielleicht auch. Dennoch erfüllen sie eine Funktion. Sie regeln die Zusammenarbeit und stecken Reviere und Zuständigkeiten ab. Das mögen Sie vielleicht für noch antiquierter halten, dennoch ist es so. Seitdem es Menschen gibt, verbringen wir einen Teil unserer Zeit mit dem Ausbau unserer Macht und dem Erhalt unseres Reviers. Wenn wir uns auch in vielen Bereichen im Laufe der Evolution weiterentwickelt haben, sehe ich bei diesen Punkten für die Zukunft schwarz. Nur die Methoden werden weiterhin subtiler werden.

Die geheimen Codes in jedem Unternehmen

Sie tun sich also einen Gefallen damit, diese Spielregeln so schnell wie möglich zu erlernen und das Spiel mitzuspielen. Wenn Sie mit Freunden oder Bekannten »Mensch ärgere dich nicht« spielen, werden Sie vermutlich auch nicht zu Anfang über den Sinn und Unsinn des Herauswerfens diskutieren. Und wenn Sie es doch tun, werden Sie als Spielverderber angesehen und beim nächsten Mal vermutlich nicht mehr zum Mitspielen eingeladen werden.

Beispiel: Geheimcode – kritisiere nie den Chef persönlich und sage nicht immer alles, was du denkst

Eine Klientin fing neu im Marketing eines Automobilzulieferers an. In den ersten Wochen sollte sie den Vertrieb kennenlernen. Dazu verbrachte sie ein paar Tage im Außendienst und begleitete die Kundenberater auf ihrer Tour. Im nächsten Gruppenmeeting fragte ihr Chef sie, was ihr im Vertrieb aufgefallen sei. Ehrlich antwortete sie, dass die aktuellen Werbegeschenke auf wenig Resonanz stoßen. Sie würde daher vorschlagen, diese auszutauschen. Sie habe da auch schon eine sehr gute Idee … Die Reaktion des Chefs kam prompt: Sie solle mal nicht gleich alles verändern wollen. Die aktuellen Werbeartikel seien perfekt. Wie sie nur auf solche Idee käme? Zu ihrem Pech wusste meine Klientin nicht, dass die Werbe-

geschenke immer von ihrem Chef persönlich ausgesucht wurden. Sie hatte also ihren Chef direkt angegriffen und seine Kompetenz vor versammelter Mannschaft infrage gestellt.

Je nach Unternehmenskultur und Offenheit Ihres Chefs können Sie im Laufe der Zeit Ihre Ideen einbringen und die Spielregeln langsam und leise modifizieren. Voraussetzung dafür ist allerdings, dass Sie bei Ihrem Vorgesetzten bereits einen guten Stand haben.

Wie erfahren Sie nun die geheimen Regeln in Ihrem Unternehmen?

Wenn Sie gerade neu in einem Unternehmen angefangen haben oder anfangen, ist die Gefahr, gegen geheime Regeln zu verstoßen und in Fettnäpfe zu treten, natürlich am größten. Für diesen Fall empfehle ich Ihnen allergrößte Wachsamkeit. Beobachten Sie genau, wie Ihre Kollegen sich gegenüber Ihrem gemeinsamen Chef verhalten. Lassen sich daraus für Sie erkennbare Regeln ableiten? Nehmen Sie sich Zeit für Ihre Beobachtungen und überprüfen Sie Ihre Hypothesen. Hier ist diplomatisches Geschick angesagt. Wenn Sie einen guten Draht zu einem Ihrer Kollegen haben, können Sie ihn auch ganz offen fragen, welche Tipps er Ihnen für den Umgang mit dem Chef gibt. Hilfreich kann in diesen Situationen erfahrungsgemäß auch ein Gespräch mit der Sekretärin Ihres Chefs sein – nicht als Ausfragen, sondern eingebunden in einen freundlichen Small Talk.

Drei goldene Regeln für den Umgang mit Ihrem Chef

Zum Schluss dieses Kapitels möchte ich Sie noch auf Don'ts gegenüber Ihrem Chef hinweisen. Es gibt ein Verhalten seitens Mitarbeitern, das Vorgesetzte auf den Tod nicht ausstehen können und das sehr wirkungsvoll ist – insbesondere wiederholt angewendet –, um es sich gründlich mit Ihrem Chef zu verscherzen. (Dann helfen auch alle Tipps aus diesem Buch nicht mehr.)

Regel 1: Arbeitsaufträge sind als solche zu verstehen

Wenn Ihr Chef Ihnen einen Arbeitsauftrag gibt, dann möchte er nicht mit Ihnen darüber diskutieren, sondern er erwartet, dass Sie ihn erledigen. Es gehört zu seinen ureigenen Führungsaufgaben, Arbeitsaufträge zu delegieren. Aus vielen Gesprächen mit Klienten und meinen eigenen Erfahrungen als Führungskraft kenne ich diese Spezies von Mitarbeitern sehr gut, die meinen, immer und alles diskutieren zu müssen. Ohne eine zusätzliche Portion persönlichen Senf scheint es für sie nicht zu gehen.

Beispiel: Diskussionsfreudige Mitarbeiterin

Eine Klientin berichtete mir kürzlich, dass sie eine ihrer Mitarbeiterinnen bereits aus ihrem Büro »herausgeworfen« hat, um deren Diskutiererei zu beenden – mit mäßigem Erfolg. Bei dem nächsten Projekt ging es wieder los. Schließlich konfrontierte die Vorgesetzte die Mitarbeiterin damit, dass ihre Selbstüberschätzung inzwischen ein unerträgliches Ausmaß angenommen habe und dass sie erwarte, dass die Mitarbeiterin die Aufgaben wie besprochen und ohne weitere Diskussionen erledige. Die Mitarbeiterin zog schmollend von dannen und bereitet sich vermutlich schon auf die nächste Diskussionsrunde vor.

Regel 2: Vorgesetzte sind zu respektieren

Zu den ungeschriebenen Spielregeln im Unternehmen gehört, dass Sie Ihren Vorgesetzten oder Ihre Vorgesetzte respektieren. Egal, was Sie von ihm oder ihr halten. Er oder sie ist und bleibt Ihr Chef. Das heißt auch, dass Sie Arbeitsanweisungen befolgen. Natürlich können Sie, wenn Sie ernsthafte und begründete Bedenken haben, diese anmelden. Voraussetzung dafür ist jedoch, dass Sie Ihrem Chef gegenüber als erstes signalisiert haben, dass Sie die Aufgabe erledigen werden – dafür werden Sie schließlich bezahlt. Und dass Sie nicht zu der Spezies der notorischen Diskutierer gehören.

Das Befolgen von Arbeitsaufträgen – wie unter Regel 1 beschrieben – ist ein Zeichen dafür, dass Sie Ihrem Vorgesetzten mit Respekt begegnen. Ein »Ja, mache ich, aber ...« empfiehlt sich für die Bedenken übrigens nicht. Das »Ja« ist hier kein Zeichen für Zustimmung, sondern ein verstecktes »Nein«, auf das Ihr Chef sehr allergisch reagieren wird.

Regel 3: Säge nicht am Stuhl deines Chefs

Weitere ungeschriebene Regeln sind, dass Sie nicht an dem Stuhl Ihres Chefs sägen, ihn nicht manipulieren und ihn nicht vor Dritten schlecht machen – selbst wenn Ihr Chef zu der Kategorie der besonders harten Brocken oder unausstehlichen Fieslingen gehört. Diese Strategien fallen früher oder später auf Sie zurück und bringen Sie Ihren Zielen nur für kurze Zeit näher.

Thema dieses Buches ist es, wie Sie Ihre Ziele effizienter und gemeinsam mit Ihrem Chef – nicht gegen ihn – erreichen. Und das heißt mit fairen Mitteln. Dasselbe gilt auch für die Zusammenarbeit mit Ihren Kollegen. In der heutigen Arbeitswelt ist es kaum mehr möglich, Aufgaben alleine zu erledigen. Aufgrund der hohen Komplexität sind Sie auf eine konstruktive Zusammenarbeit mit Ihren Kollegen angewiesen. Natürlich gibt es immer wieder Menschen, deren vorrangiges Ziel es ist, ihre persönlichen Interessen zu optimieren: sei es so wenig wie möglich zu arbeiten – TEAM als Akronym, das heißt als Kurzwort aus Anfangsbuchstaben, für »Toll, ein anderer macht's« – oder sich mit fremden Federn zu schmücken, beispielsweise mit den Erfolgen, die eigentlich auf Ihr Konto gehen. Auch hier ist das Problem, dass Sie Ihre Kollegen nicht ändern können. Dennoch müssen Sie so ein Verhalten nicht hinnehmen: Verschaffen Sie sich Respekt und signalisieren Sie klar und deutlich, dass Sie nicht bereit sind, unter diesen Bedingungen mit Ihrem Kollegen zusammenzuarbeiten. Wie Sie dabei diplomatisch vorgehen, lesen Sie in den Kapiteln 6 und 7. Entsprechend dem Motto »Steter Tropfen höhlt den Stein« werden Sie merken, dass Ihr Kollege sein Verhalten Ihnen gegenüber verändern wird.

KOMPAKT

Unternehmen brauchen Führungskräfte, um sicherzustellen, dass die Unternehmensziele erreicht werden. Ihr Chef sagt Ihnen, was Ihre Aufgaben und Verpflichtungen sind, welche Perspektiven Sie im Unternehmen haben, und er gibt Ihnen Feedback über Ihre Leistungen.

Hierarchien in Unternehmen dienen dazu, Effizienz und Effektivität in einer immer komplexer werdenden Umwelt zu gewährleisten.

Es gibt zwei Arten von Spielregeln in Unternehmen: dokumentierte und ungeschriebene. Für beide gilt: Spielregeln kennenlernen und mitspielen. Ungeschriebene Spielregeln bergen ein erhebliches Fettnapf-Risiko.

Vorgesetzte können es auf den Tod nicht ausstehen, wenn Mitarbeiter anfangen, mit ihnen über ihre Arbeitsaufträge oder Anweisungen zu diskutieren.

Nur mit fairen Mitteln können Sie Ihren Chef für Ihre Belange und Interessen gewinnen. Unfaire Methoden, wie am Stuhl des Chefs sägen oder ihn hinter seinem Rücken schlechtmachen, sind ein Don't und fallen früher oder später auf Sie zurück.

Menschen können oft nicht anders: Die Macht der Situation

3

Ein Kaufmann wollte auf Reisen gehen. Er nahm sich einen Gehilfen und stellte ihn in den Laden. Er selbst hielt sich meist im Nebenzimmer auf. Von da hörte er im ersten Jahr, wie der Gehilfe zu einem Kunden sagte: »So billig kann es mein Herr aber nicht hergeben.« Der Kaufmann reiste nicht. Im zweiten Jahr hörte er mitunter von nebenan: »So billig können wir es Ihnen aber nicht hergeben.« Der Kaufmann reiste nicht. Im dritten Jahr sagte der Lehrling: »So billig kann ich es aber nicht hergeben.« Da trat der Kaufmann seine Reise an. [4]

Was der Führungsstil Ihres Chefs mit Ihnen zu tun hat ...

In vielen Unternehmen ist es üblich, dass Vorgesetzte ihren Führungsstil an den zu bewältigenden Aufgaben ausrichten. In den meisten Fällen treffen sie Entscheidungen alleine und lassen die Kompetenzen, Erfahrungen und Meinungen ihrer Mitarbeiter unberücksichtigt. Begriffe wie autoritärer oder patriarchalischer Führungsstil beschreiben dieses Führungsverhalten. Beim kooperativen Führungsstil werden die Ansichten der Mitarbeiter schon mehr berücksichtigt, im Vordergrund steht jedoch weiterhin die Aufgabenorientierung. Die Mitarbeiter werden der Situation angepasst. Die Führungskräfte sorgen in erster Linie dafür, dass die Firma funktioniert. Der Mitarbeiter ist zwar wichtig, er steht aber immer an letzter Stelle – hinter dem Unternehmenszweck, der Gewinnerzielung und der Kundenorientierung.

Es gibt jedoch auch Vorgesetzte, die neuere Führungskonzepte umsetzen und ihren Führungsstil nach der Entwicklungsstufe ihres Mitarbeiters ausrichten. Das heißt Führung ist nicht mehr aufgabenbezogen, sondern mitarbeiterbezogen (transformationale Führung). Ein Mitarbeiter wird in Bezug auf eine bestimmte Aufgabe geführt und gefordert – ohne über- oder unterfordert zu werden. Die Führungskraft dient dabei als Vorbild, regt zu Leistungen an, fordert heraus, ist Vorbild und inspiriert den Mitarbeiter.

Genau diese Einschränkung ist wichtig: Es geht um die persönliche Ausstrahlung der Führungskraft und die Führung hinsichtlich einer bestimmten Aufgabe und nicht in Bezug auf den Mitarbeiter allgemein. Es ist durchaus möglich, dass Sie sich bei verschiedenen Aufgaben auf unterschiedlichen Entwicklungsstufen befinden und von daher auch ein unterschiedliches Ausmaß an Anleitung und Unterstützung von Ihrem Vorgesetzten benötigen. Wie in der Geschichte von dem Kaufmann ist es in der Regel nicht üblich, dass Ihr Chef Ihnen sagt, warum er Ihnen gegenüber einen bestimmten Führungsstil an den Tag legt. Es bleibt Ihnen überlassen, aus seinem Führungsverhalten abzuleiten, wie er Sie einschätzt. Oder Sie bitten ihn um eine Rückmeldung.

Bei der situativen Führung wird zwischen dirigierendem und unterstützendem Verhalten seitens der Führungskraft unterschieden. Dirigierend bedeutet, dass Sie bei der Ausführung von Aufgaben inhaltlich und methodisch angeleitet werden. Das heißt Ihr Chef sagt oder zeigt Ihnen, was Sie wie machen sollen. Unterstützend bedeutet, dass Sie durch die Art der Beziehung zu Ihrem Chef motiviert werden.

Das kann beispielsweise bedeuten, dass sich Ihr Chef häufiger Zeit für Gespräche mit Ihnen nimmt, sich auch mal Ihre Bedenken in Bezug auf den Fortgang des Projektes anhört und diese unter Umständen relativiert. Oder er macht Ihnen die Bearbeitung einer Aufgabe schmackhaft.

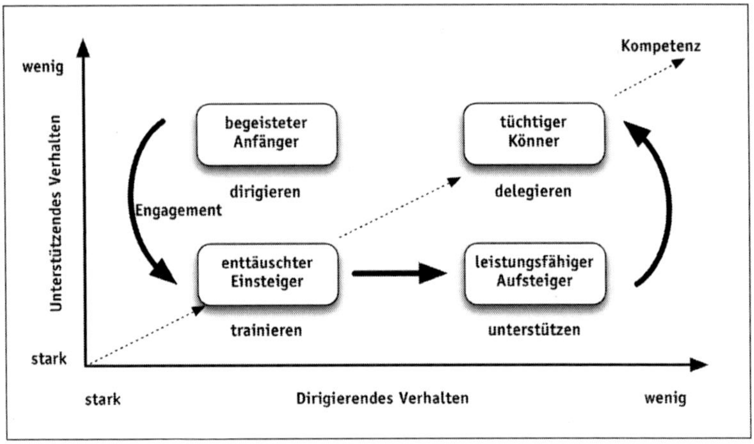

Abbildung 1: Situative Führung: Entwicklungsstufen und optimaler Führungsstil

Unterstützendes Verhalten bedeutet auch, Ihnen Lob und Anerkennung – allerdings nur ernst gemeinte – zu geben. Wenn Ihre Entwicklungsstufe nur wenig unterstützendes Verhalten erfordert, heißt das übrigens nicht, dass Sie nicht mehr gelobt zu werden brauchen. Leider geraten sehr selbstständige Mitarbeiter in dieser Hinsicht oft in Vergessenheit. Was Sie tun können, wenn Sie sich in dieser Situation wiedererkennen, erfahren Sie weiter unten. Bei der situativen Führung werden folgende Entwicklungsstufen unterschieden:

Begeisterter Anfänger: Seine fachliche Kompetenz ist gering ausgeprägt, dafür verfügt er über ein sehr hohes Engagement und viel Enthusiasmus. Er oder sie möchte nun endlich den anderen beweisen, was in ihm/ihr steckt und was er oder sie alles gelernt hat. Das Entwicklungspotenzial ist vorhanden. Der optimale Führungsstil für den begeisterten Anfänger ist »dirigieren«: er braucht fachliche Anleitung und muss wissen, wie er was machen soll. Motiviert werden muss er aufgrund seines hohen Engagements nicht, gelobt werden allerdings sehr wohl. Außerdem braucht er regelmäßige Rückmeldungen über den Fortschritt seines Tuns, über seine Fehler und Tipps für Verbesserungsmöglichkeiten.

Beispiel: *Stellen Sie sich vor, Sie sollen als Mitarbeiter an komplexe Aufgaben beziehungsweise Projekte im internationalen Umfeld herangeführt werden. Sie haben gerade ein Projektleiter-Seminar absolviert und bekommen nun Ihr erstes Projekt. Als Projektleiter kommen Sie jedoch mit Ihrem Projektteam nicht klar, die Zusammenarbeit erweist sich als schwierig und schleppend. Ihr Chef hilft Ihnen bei der Lösung des Problems.*

Enttäuschter Einsteiger: Nach dem anfänglichen Enthusiasmus mit den damit verbundenen Höhenflügen folgt die Ernüchterung und der Mitarbeiter ist wieder auf der Erde angekommen. Er muss erfahren, dass nicht alles so einfach ist und vieles aus welchen Gründen auch immer nicht geht oder nicht gehen soll. Das hat Auswirkungen auf sein Engagement: es ist vollkommen eingebrochen und nun gleich Null. Diese Stufe vergleiche ich gerne mit dem »Tal der Tränen«. Die fachliche Kompetenz ist unverändert vorhanden, hat sogar im Vergleich zur ersten Stufe leicht zugenommen. Der optimale Führungsstil für den enttäuschten Einsteiger ist »trainieren«: Er braucht immer noch stark dirigierendes Verhalten, also konkrete und detaillierte Arbeitsanweisungen und aufgrund seiner Motivationskrise auch stark unterstützendes Verhalten seitens des Vorgesetzten. Der Chef kann dem Mitarbeiter beispielsweise von eigenen Erfahrungen beim Durchwandern des Tals der Tränen berichten und dass diese Entwicklung ganz normal ist.

Beispiel: *Zurück zu unserem Beispiel mit der Projekt-Organisation: Inzwischen haben Sie verschiedene Projekte erfolgreich abgeschlossen, dennoch geht es beruflich nicht weiter. Ihre hochgesteckten Ziele erweisen sich als nicht realisierbar, Sie müssen Ihre Grenzen erkennen. Vielleicht müssen Sie sich auch eingestehen, dass Sie sich bei manchen Aufgaben selbst überschätzt haben. Ihr Chef beauftragt Sie mit weiteren Projekten und ermuntert Sie immer wieder, den Kopf nicht hängen zu lassen. Nach dem Motto: Mühsam nährt sich das Eichhörnchen …*

Leistungsfähiger Aufsteiger: Er hat sich von seiner Motivationskrise wieder erholt, sein Engagement ist allerdings immer noch schwankend. Die Kompetenz hat deutlich zugenommen und ist mittel bis hoch ausgeprägt. Das Tal der Tränen ist durchschritten, der Weg geht wieder nach oben. Allerdings läuft noch nicht alles reibungslos.

Hier ist der optimale Führungsstil »unterstützen«: der leistungsfähige Aufsteiger braucht nur noch wenig Anleitungen und dirigierendes Verhalten, allerdings aufgrund seines schwankenden Engagements stark unterstützendes Verhalten durch seinen Chef. Das können beispielsweise regelmäßige Rückmeldungen über Projektfortschritte, gezielte Förderungsmaßnahmen oder die Vereinbarung von flexiblen Zielen sein. Wichtig ist, dass der Vorgesetzte als Sparringspartner und Mentor zur Verfügung steht, um den Mitarbeiter weder zu unter- noch zu überfordern.

Beispiel: *Inzwischen sind Ihre Ziele realistisch, Ihre Projektergebnisse kommen im Management gut an, da Sie die gleiche Sprache sprechen. Ihr Chef sucht nach Fördermaßnahmen für talentierte Mitarbeiter und unterstützt Sie bei Präsentationen im Management, um Ihre »Sichtbarkeit« zu* *erhöhen. Möglicherweise machen Sie sich auch Gedanken zu der Frage, was »Karriere« eigentlich für Sie bedeutet.*

Tüchtiger Könner: Er oder sie ist der Schatz eines jeden Vorgesetzten: Kompetenz und Engagement sind hoch ausgeprägt, das Entwicklungspotenzial ausgeschöpft. Dieser Mitarbeiter läuft sozusagen von alleine, er weiß ohne viele Worte, was zu tun ist, und erledigt seine Aufgaben in großer Eigenständigkeit. Der Chef kann sich voll und ganz auf ihn oder sie verlassen. Der optimale Führungsstil für tüchtige Könner ist »delegieren«: wenig dirigierendes und wenig unterstützendes Verhalten. Bei diesen »Perlen« eines jeden Unternehmens wird allerdings oft vergessen, dass auch sie Lob und Anerkennung brauchen – gerade dafür, dass man sich so sehr auf sie verlassen kann! Und es besteht die Gefahr, dass sie sich neue Herausforderungen suchen, weil sie unter Umständen keine Entwicklungsmöglichkeiten und Perspektiven mehr an diesem Arbeitsplatz für sich sehen, sich unterfordert oder im Hamsterrad von Routinetätigkeiten gefangen fühlen. Tüchtige Könner sollten von ihren Vorgesetzten in Entscheidungsprozesse eingebunden werden. Auch ist es sinnvoll, ihnen Verantwortung für einzelne Projekte oder typische Stellvertreteraufgaben zu übertragen.

Beispiel: *Projekte im interkulturellen Umfeld erfordern Erfahrung, Diplomatie, Einfühlungsvermögen und flexibles Denken. Ihr Chef muss jetzt nur noch grob skizzieren, worum es geht, und Sie erledigen das Projekt. Zwischendurch informieren Sie ihn kurz über den Stand der Dinge.*

Erkennen Sie den Führungsstil Ihres Chefs Ihnen gegenüber bei der einen oder anderen Aufgabe wieder? Dann erhalten Sie auch Informationen darüber, wie Ihr Vorgesetzter Sie in Bezug auf Ihre Kompetenz und Ihr Engagement einschätzt. Oder haben Sie das Gefühl, dass er Sie zu wenig anleitet und/oder unterstützt?

Wenn Sie mit dem Führungsstil Ihres Chefs in Bezug auf eine bestimmte Aufgabe unzufrieden sind, haben Sie folgende Möglichkeiten, ihn »von unten« zu führen:

Als begeisterter Anfänger: Wenn Ihr Chef der Meinung ist, dass Sie Ihre ersten Erfahrungen am besten sammeln, wenn er Sie ins kalte Wasser stößt, und Sie sich entsprechend überfordert fühlen, fordern Sie von ihm das Ausmaß an Anleitung ein, das Sie benötigen. Fragen Sie Ihren Chef nach seiner Erfahrung, wie Sie was am besten machen sollen. Zeigen Sie keine falsche Zurückhaltung: Die Anleitung von Mitarbeitern ist eine Führungsaufgabe, für die Ihr Chef bezahlt wird, und kein Zeichen von Schwäche ihrerseits.

Als enttäuschter Einsteiger: Fragen Sie Ihren Chef, welche Perspektiven er für Sie sieht und was Sie tun müssen oder können, um sich fachlich weiterzuentwickeln. Je nachdem, wie offen und gut das Verhältnis zu Ihrem Vorgesetzten ist, können Sie auch mit ihm über Ihre Enttäuschungen und Ihre Ernüchterung sprechen. Er wird ähnliche Erfahrungen gemacht haben und Ihnen vielleicht berichten, wie er mit dieser Situation umgegangen ist.

Als leistungsfähiger Aufsteiger: Auch auf dieser Stufe brauchen Sie Perspektiven für Ihre Weiterentwicklung. Reden Sie mit Ihrem Vorgesetzten darüber. Versuchen Sie dabei auch, Ihre eigenen Vorstellungen zu platzieren und nach gemeinsamen Strategien zu suchen. Bitten Sie Ihren Chef um Unterstützung.

Als tüchtiger Könner: Ihr Chef wird sich vermutlich blind auf Sie verlassen können. Was dabei zu kurz kommt, sind in der Regel Lob und Anerkennung. Bitten Sie Ihren Chef um ein offenes Feedback zu Ihren Leistungen. Sagen Sie ihm, dass Sie sich über ein Lob seinerseits freuen und dass Sie es sich von Zeit zu Zeit wünschen. Viele Chefs verfahren nach dem Motto »Nicht gemeckert ist genug gelobt« oder sie vergessen das Loben im Alltagsgeschäft schlichtweg. Wenn Sie diesen Wunsch ohne Vorwurf äußern, wird Ihr Chef ihm – nach anfänglicher Gewöhnungsphase – sicherlich gerne nachkommen. Denn schließlich möchte er oder sie ja, dass Sie bleiben und er/sie sich weiterhin auf Sie verlassen kann. Wenn Sie an dem Status quo etwas ändern möchten, sollten Sie mit ihm das offene Gespräch über Weiterentwicklungsmöglichkeiten suchen und klären, inwieweit er Sie dabei unterstützen kann.

Für tüchtige Könner gibt es noch einen weiteren Stolperstein: Wenn Sie in Bezug auf eine Aufgabe ein tüchtiger Könner sind, bedeutet das nicht, dass Sie sich auf der gleichen Entwicklungsstufe befinden, wenn Sie eine neue Aufgabe übertragen bekommen. Dann fangen Sie wieder auf der Stufe des begeisterten Anfängers an. Aufgrund Ihrer bisherigen Berufs- und Lebenserfahrung werden Sie die einzelnen Entwicklungsstufen dann zwar schneller durchlaufen, dennoch benötigen auch Sie zunächst wieder aufgabenbezogene Anleitung und Anweisungen. Fordern Sie diese von Ihrem Chef ein, wenn Sie die Gefahr sehen, dass er Sie in Bezug auf die neue Aufgabe überfordert. Auch das ist kein Zeichen von Schwäche, sondern zeugt von Souveränität.

TIPP

Suchen Sie das Gespräch mit Ihrem Chef, wenn Sie das Gefühl haben, dass er Sie in kommunikativer Hinsicht »verhungern« lässt: sei es, dass Sie sich konkretere Arbeitsanweisungen oder ein differenziertes Feedback zu Ihrer Arbeit wünschen. Damit zeigen Sie keine Schwäche, sondern beweisen selbstbewusstes Auftreten.

Wenn Ihr Chef gerne würde, aber nicht anders kann

In der Philosophie etlicher Unternehmen sind hehre Ausführungen zum Thema Führungsgrundsätze, Mitarbeiterförderung und der Verpflichtung des Unternehmens gegenüber den Kunden und der Gesellschaft zu lesen. In der Realität ist allerdings oft ein anderer Trend zu beobachten. Der Zweck von Unternehmen ist unternehmerischer Erfolg. Wenn Unternehmen diesem Ziel in Deutschland nicht in dem gewünschten Ausmaß nachkommen können, werden Mitarbeiter freigesetzt, Güter in andere Konzernbereiche oder Joint Ventures verschoben und Standorte kurzerhand ins kostengünstigere Ausland verlegt.

Außerdem ist eine zunehmende Orientierung und Ausrichtung an Prozessen zu beobachten. In erster Linie sollen Prozesse ein besseres Qualitätsmanagement ermöglichen: die Bearbeitungszeiten werden kürzer, die Vorgänge standardisiert, die Fehlerquote sinkt, die Kunden kommen schneller und besser in den Genuss ihrer Produkte und Dienstleistungen. In zweiter Linie tragen Prozesse aber auch dazu bei, dass Mitarbeiter leichter austausch- und ersetzbar werden. Arbeit wird nur nach wirtschaftlichen Kriterien bewertet: Ist der Meilenstein oder das vereinbarte Ziel erreicht oder nicht? Wenn ja, geht es weiter zum nächsten Projekt. Wenn nein, gibt es im Wiederholungsfalle Ärger.

Unternehmen, in denen Arbeit ausschließlich nach wirtschaftlichen Kriterien bewertet wird – neudeutsch ausgedrückt: der Mitarbeiter hat »performed« oder »nicht performed« – stehen ökonomisch zwar vermutlich sehr gut da. Sie können ihre Marktposition nicht nur behaupten, sondern weiter ausbauen, sie bergen allerdings auch eine Reihe von Konfliktrisiken:

- Die kreativen Potenziale der Mitarbeiter werden nicht mehr genutzt und liegen brach.
- Die Weiterentwicklung von Mitarbeitern in fachlicher und/oder persönlicher Hinsicht wird nur noch im Ausnahmefall ermöglicht oder gefördert. Wenn Kompetenzen fehlen, ist es einfacher und mit weniger Aufwand verbunden, sie je nach Bedarf einzukaufen.
- Arbeitszufriedenheit und -engagement werden immer weiter sinken, da die Mitarbeiter sich nicht mehr wertgeschätzt fühlen und ihre Leistungen nicht anerkannt sehen. Das ohnehin schon schlechte Betriebsklima leidet noch mehr.
- Das Wissen und die Entwicklungsmöglichkeiten von Unternehmen gehen verloren. Produkte und Dienstleistungen werden nicht mehr unterscheidbar, da alles dem Diktat der Gewinnmaximierung mit immer geringerem Aufwand unterworfen wird. Unternehmen werden abhängiger von Dritten, da sie keine eigenen Potenziale mehr haben.

In Unternehmen, die bereits heute ausschließlich nach diesen Prinzipien »ticken«, werden die Menschen immer mehr zu Rädchen im Getriebe degradiert. Ihr Chef ist ein etwas größeres Zahnrad, als Sie es sind, und hält mehrere kleine Zahnräder in Gang. Doch auch er hat nur eine Funktion: sich möglichst reibungslos zu drehen und die vorangehenden und nachfolgenden Prozesse in Gang zu halten. Was bedeutet das nun für Sie und die Zusammenarbeit mit Ihrem Chef? Möglicherweise möchte Ihr Chef sich sogar mehr auf Sie einlassen und Sie dabei unterstützen, Ihre Ideen zum Wohle des Unternehmens einzubringen – es wird nur von der Unternehmensspitze nicht gewünscht. Die Pläne des Top-Managements lauten anders. Selbst wenn Sie als Experte der Meinung sind, dass dort wichtige Entwicklungen unterschätzt oder falsch bewertet werden: Hier geht es meistens um Politik, um Machtspiele, um ganz persönliche Interessen – um ein Spiel, bei dem Sie aber nicht mitspielen. Und Ihr Vorgesetzter möglicherweise auch nicht.

Für das hier dargestellte Szenario braucht es allerdings weniger Tipps, wie Sie Ihren Chef erfolgreich führen, als Strategien für Ihren Kampf ums alltägliche Leben und Überleben. Hier sind eher Frustrationstoleranz und Durchhaltevermögen gefragt – eine positive Einstellung gegenüber Ihrem Vorgesetzten hilft Ihnen allenfalls, in ihm einen Leidensgenossen zu sehen.

Beispiel: Förderung und Motivierung von Mitarbeitern im Krankenhaus – ein Fremdwort

Einer meiner Klienten hat viele Jahre als Therapeut in einer privat geführten Klinik gearbeitet. Die Bettenauslastung war hoch, nur an dem Betriebsklima haperte es erheblich. Ein relativ hoher Krankenstand und eine beachtliche Fluktuation unter dem Pflegepersonal, den Therapeuten und den Ärzten schienen der Klinikleitung noch nicht aufgefallen zu sein. Mein Klient ließ sich jedoch nicht entmutigen und entwickelte immer wieder neue therapeutische Konzepte, die er gemeinsam mit seinen Kolleginnen und Kollegen umsetzte. Sein unmittelbarer Vorgesetzter war von diesen Neuerungen sehr angetan und unterstützte sie, da sie zu Ver-

besserungen für die Patienten führten. Doch dann kam das Aus von oben: alles solle beim Alten bleiben. Für Neuerungen seien keine Ressourcen da, stattdessen müssten die Therapieeinheiten im klinikinternen Dokumentationssystem für eine spätere Nachvollziehbarkeit besser festgehalten werden. Fazit: Bürokratie ist wichtiger als Mitarbeitermotivation.

Nachdem ich Ihnen in den ersten Kapiteln dieses Buches die recht allgemeine Rolle Ihres Vorgesetzten und die situativen Gegebenheiten in Ihrem Unternehmen nähergebracht habe, geht es in den folgenden Kapiteln darum, die individuellen Personen Ihres Chefs und Ihrer Kollegen zu beleuchten und kennenzulernen. Freuen Sie sich auf manches Aha-Erlebnis und Lösungswege aus vermeintlich hoffnungslosen Situationen.

KOMPAKT

Der Führungsstil Ihres Chefs hat viel mit Ihrer Entwicklungsstufe in Bezug auf bestimmte Aufgaben zu tun: Dieses Vorgehen bezeichnet man als situative Führung. Je nach Entwicklungsstufe muss Ihr Chef Sie mehr oder weniger stark anleiten und/oder motivieren, damit Sie Ihre Aufgaben bestmöglich erledigen. Wenn Sie mit dem Führungsstil Ihres Chefs unzufrieden sind, bitten Sie ihn um differenziertes Feedback über Ihre Leistungen. Fragen Sie ihn nach Entwicklungsmöglichkeiten und Perspektiven.
Manchmal gibt es allerdings auch unternehmensinterne Faktoren, die Ihren Chef daran hindern, Sie zu fördern und Ihre Interessen mehr zu berücksichtigen. Auch wenn er oder sie es gern möchte.

So entstehen Konflikte

4

Konflikte mit anderen Menschen entstehen oft durch Missverständnisse. Wir stellen Hypothesen darüber auf, warum sich der andere auf eine bestimmte Art und Weise verhält. Das ist »typisch« Mensch: wir wollen immer alles erklären, insbesondere das Verhalten anderer, manchmal auch unser eigenes. Wir stellen Hypothesen auf und übernehmen sie als richtig oder wahr – »Das ist so!« –, ohne sie im Einzelfall überprüft zu haben. Natürlich kann es sein, dass Ihr Chef oder Ihr Kollege Ihnen gegenüber unfreundlich ist, weil er mit Ihrer Arbeit nicht zufrieden ist, weil er sauer auf Sie ist, weil er ... – es kann aber auch sein, dass er einfach nur schlecht geschlafen hat oder sich über seinen eigenen Vorgesetzten ärgert. Als Reaktion auf sein unfreundliches Verhalten grollen Sie ihm, was dann weitere Reaktionen Ihres Chefs oder Ihres Kollegen nach sich zieht – und dabei hatte die ganze Angelegenheit ursprünglich überhaupt nichts mit Ihnen zu tun. Leider neigen wir oft dazu, uns »jeden Schuh anzuziehen«, der gerade herumsteht – unabhängig davon, ob er für uns bestimmt ist oder nicht.

Wie lassen sich solche Missverständnisse vermeiden? Ein wichtiger Schritt ist, den anderen, also Ihren Vorgesetzten oder Ihren Kollegen, kennenzulernen. Je besser Sie ihn und seine Beweggründe kennen, desto besser können Sie sein Verhalten einschätzen, sich darauf einstellen und konstruktive Lösungen finden. Und umso mehr können Sie sich vor Fehlinterpretationen seines Verhaltens schützen und damit manche Auseinandersetzung und einige Kämpfe vermeiden.

Nehmen Sie sich Zeit und beantworten Sie die folgenden Fragen, um sich dem »unbekannten Wesen« Ihres Vorgesetzten oder Ihres Kollegen zu nähern.

Möglicherweise ist Ihr Chef ja gar nicht so unangenehm oder nervig, wie Sie es bisher immer gedacht haben. Vor allem ist die Frage zu stellen, ob er sich tatsächlich immer auf eine bestimmte Art und Weise verhält – oder nur manchmal. Aber dieses eine oder andere Mal ist Ihnen bereits ein Mal zu viel. Vielleicht können Sie sein Verhalten aber auch ganz gut nachvollziehen, wenn Sie ihn besser kennen. Denkbar ist auch, dass Sie sich genauso verhalten würden.

Es hat also eine Menge Vorteile, wenn Sie sich mit Ihrem Chef oder Ihrem Kollegen beschäftigen und versuchen, ihn besser kennenzulernen. Sie können ihn jedoch schlecht darum bitten, zusätzliche Zeit mit Ihnen zu verbringen, damit Sie sich gegenseitig besser kennenlernen können. Daher können Sie einzig sein Verhalten analysieren und daraus die eben beschriebenen Hypothesen ableiten. Durch das nachfolgende Vorgehen allerdings auf eine fundiertere Art und Weise.

Fragen zur Selbstreflexion

Wer ist Ihr Chef/Kollege? Was hat er/sie für Qualifikationen und Kompetenzen? Wo vermuten Sie seine/ihre Potenziale?

Was macht er/sie gern?

Was befürwortet er/sie? Was sind seine/ihre Lieblingsthemen?

Wie kommuniziert er/sie?

Was ist sein/ihr Arbeitsstil?

Was lehnt er/sie ab?

Was ärgert ihn/sie? Wie können Sie ihn/sie verärgern?

Ein heißes Thema: Konflikte mit Vorgesetzten oder Kollegen

Sie werden sich jetzt vielleicht fragen, was der Unterschied zwischen Spannungen, Meinungsverschiedenheiten, Streit und Konflikten ist.

KOMPAKT

Was ist ein Konflikt?

Ein Konflikt zwischen zwei Personen liegt immer dann vor, wenn eine oder beide Personen zum gleichen Zeitpunkt Handlungen beabsichtigen oder durchführen, die zur Folge haben oder zur Folge haben könnten, dass sich die andere Person behindert, blockiert, bedroht oder verletzt fühlt.

Die Begriffe Spannung, Meinungsverschiedenheit, Streit und Konflikt werden im Alltag oft synonym, also sinngleich verwendet. Es gibt jedoch Unterschiede in der Bedeutung.

Im Gegensatz zu Spannungen, Meinungsverschiedenheiten und einem Streit spielt sich ein Konflikt immer zwischen zwei oder mehreren Parteien ab, die sich gegenseitig beeinflussen können. Die wechselseitige Einflussnahme beziehungsweise Abhängigkeit ist die entscheidende Voraussetzung dafür, dass es überhaupt zu einem Konflikt kommen kann. Abhängigkeit bedeutet, dass es Interessensgegensätze gibt und keine von beiden Seiten einfach das Feld räumen kann.

Streiten können Sie sich auch mit jemandem, den Sie kaum kennen und mit dem Sie nichts weiter verbindet. Eine Auseinandersetzung mit Ihrem Chef oder einem Kollegen kann allerdings leicht zu einem Konflikt werden, denn hier ist die Bedingung der gegenseitigen Einflussnahme gegeben. Ihr Chef sitzt disziplinarisch am längeren Hebel und Sie haben einen – wenn auch geringeren – Einfluss auf Ihren Chef, beispielsweise durch die Qualität der Arbeitsergebnisse, die Sie abliefern. Oder Sie müssen mit Ihrem Kollegen in einem Projekt weiterhin zusammenarbeiten.

Ein Konflikt existiert übrigens bereits dann, wenn Sie oder Ihr Chef/ Kollege Pläne oder Absichten hegt, deren Verwirklichung den anderen beeinträchtigen würde, oder wenn sich der eine durch den anderen frustriert fühlt. Ein Konflikt muss also nicht offen ausgetragen werden, er kann auch latent vorhanden sein.

Wie entstehen Konflikte?

Konflikte gibt es nicht grundlos, jedem Konflikt liegt ein Thema zugrunde, das im Brennpunkt steht. Dieses Thema muss nicht unbedingt die Ursache des Konfliktes darstellen, unter Umständen ist es vorgeschoben, um von anderen Themen abzulenken.

Beispiel: Last-Minute-Projekte
Es kann sein, dass Sie immer wieder mit Ihrem Chef aneinandergeraten, weil er Ihnen Informationen, die Sie für wichtig halten, nicht in ausreichendem Maße gibt. Oder weil er Ihnen immer in letzter Minute Projekte aufs Auge drückt, die dann am besten bis gestern zu erledigen sind und die damit Ihre ganze Arbeitsplanung über den Haufen werfen.

Möglicherweise geht es in dem Konflikt wirklich um den Arbeitsstil Ihres Chefs. Vielleicht geht es aber auch darum, dass Sie sich von Ihrem Chef nicht ausreichend wertgeschätzt fühlen. Oder dass Sie sich für einen besseren Vorgesetzten halten, als er es ist und meinen, dass eigentlich

Sie an seiner Stelle sitzen müssten. Das heißt, dass es hier um ganz andere Themen geht, die dem Konflikt zugrunde liegen. Diese Themen sind oft nicht recht bewusst oder werden tabuisiert. Wer möchte schon gerne zugeben, dass er dem anderen etwas neidet? Oder dass er das Gefühl hat, sein Vorgesetzter bringt ihm als Person und seiner Arbeit nicht genügend Wertschätzung und Sympathie entgegen?

Vor allem das Thema Sympathie ist heikel. Bestimmt haben Sie sich auch das eine oder andere Mal schon gefragt, ob Ihr Chef »etwas gegen Sie hat«. Und das ist genau der Knackpunkt: Wir möchten gemocht und geliebt werden – im beruflichen Kontext natürlich im platonischen Sinne. Auch von unserem Chef – was die wenigsten natürlich zugeben würden. Die Bedürfnisse nach Liebe und Zugehörigkeit sind seit Urzeiten im Menschen verankert und werden heute in vielen Bereichen tabuisiert. (Ihr Chef hat übrigens die gleichen Bedürfnisse wie Sie.) Dass auch Sie diese Bedürfnisse haben, merken Sie daran, wie sehr Sie Konflikte mit Ihrem Chef belasten und dass sie wirklich wehtun. Allerdings sind zur Befriedigung Ihres Bedürfnisses nach Liebe nicht die Menschen in Ihrem Arbeitsumfeld zuständig, sondern Ihre Lieben zu Hause. Ich beobachte bei meinen Klienten immer wieder den Wunsch, dass das Unternehmen, in dem sie arbeiten, eine Familie oder Freunde ersetzen soll. Dieser Wunsch nach Kompensation fehlender Nähe, Wärme oder Vertrautheit wird allerdings in den meisten Fällen unbefriedigt bleiben. Es ist nicht die Aufgabe des Arbeitgebers, private Bedürfnisse zu stillen. Wichtig ist, dass Sie dafür in Ihrem privaten Umfeld sorgen.

Typische Ursachen für Konflikte mit dem Chef

Was können die Ursachen für Konflikte zwischen Ihnen und Ihrem Chef sein? Beispielsweise dass

- Ihr Chef Ihre Leistungen anders wahrnimmt und beurteilt, als Sie es tun.
- Sie um Anerkennung oder knappe Ressourcen (Arbeitsmittel, Zeit, Informationen) kämpfen.
- Sie so mit Arbeit überlastet sind, dass Sie nicht in einem für Sie befriedigenden Ausmaß Ihren beruflichen und privaten Verpflichtungen nachkommen können.
- Neid, Missgunst, Antipathie oder Rivalität bewusst oder unbewusst eine Rolle spielen.
- Ihr Chef oder Sie ein »schwieriger« Mensch sind – was auch immer das heißen mag.

Zwischen dem latenten Aufbau des Konflikts und dessen offenem Ausbruch liegen in der Regel zahlreiche Hemmschwellen, die überwunden werden müssen. Jeder Konflikt hat jedoch Folgen, unabhängig davon, ob er offen ausgetragen wird oder nicht. Das können Folgen für Ihre Gesundheit, Ihr emotionales Wohlbefinden, Ihre Arbeitszufriedenheit, Ihre beruflichen Perspektiven und Ihre Partnerschaft, Familie und Ihren Freundes- und Bekanntenkreis sein.

Was sind die ersten Symptome eines Konfliktes?

Woran können Sie erkennen, dass etwas in der Beziehung mit Ihrem Chef oder Ihrem Kollegen schiefläuft? In der Anfangsphase eines Konflikts besteht eine angespannte Lähmung. Dabei sind folgende Veränderungen zu beobachten:

- Die Wahrnehmung und das Denken über den anderen, die ohnehin schon selektiv waren (»Mein Chef/Kollege ist immer ...«), werden stärker gefiltert und verzerrt. Der andere wird nur noch mit Verallgemeinerungen und in Schwarz-weiß-Bildern wahrgenommen.
- Die Gefühle dem anderen gegenüber verengen sich und werden einseitig negativ. Alleine die Person Ihres Chefs oder Ihres Kollegen, ganz zu schweigen von seinem Verhalten, lösen eine überhöhte Empfindlichkeit und Reizbarkeit bei Ihnen aus (»Wenn ich nur an ihn/sie denke, bekomme ich schon einen dicken Hals!«) – oder umgekehrt. Sie und Ihr Chef beziehungsweise Ihr Kollege kapseln sich voneinander ab und verlieren die Fähigkeit, sich in den anderen einzufühlen.
- Es ist nur noch Ihr Ziel, sich durchzusetzen. Dabei sehen Sie immer weniger Wege, um an Ihr angestrebtes Ziel zu kommen. Ihr Verhalten wird dadurch starr und unflexibel. Bedingt durch Zorn und Wut können auch tief sitzendere Triebe aufbrechen, die Sie jegliche Hemmungen gegen den Einsatz unlauterer Mittel bis hin zur Zerstörungslust verlieren lassen.
- Ihr verbales und nonverbales Verhalten verarmen. Es wird stereotyp, unbeweglich und auf vorhersagbare Muster fixiert. Bald steht nicht mehr Ihr inhaltliches Ziel im Vordergrund Ihres Handelns, sondern der Gegner – Ihr Chef/Kollege, den es zu besiegen gilt.

Konflikte bergen eine große Handlungsenergie, die bis hin zur gegenseitigen Zerstörung (wirtschaftlich, physisch, psychisch) führen kann. Diese Energie stellt aber auch ein positives Kraftpotenzial dar, das es gerade in der Anfangsphase zu nutzen gilt. Damit lässt sich die Eskalation eines Konfliktes verhindern. Positive Auswirkungen von Konflikten sind, dass mit ihnen Probleme aufgedeckt, Veränderungen ausgelöst und Stagnation und Erstarrung verhindert werden können.

Wie gehen Sie mit Konflikten positiv um?

Damit Konflikte ihre oben angesprochene positive Wirkung entfalten können, ist es zwingend notwendig, offensiv mit ihnen zu umgehen. Das heißt, dass Konflikte nicht unter den Teppich gekehrt gehören – so lange bis der Teppich unter Umständen unter der Bürodecke klebt –, sondern wahrgenommen und thematisiert. Es ist hierbei unerheblich, ob Sie oder Ihr Chef beziehungsweise Ihr Kollege dazu neigen, Konflikte zunächst unter den Teppich zu kehren. Es ist auch unerheblich, ob Ihr Chef machtorientiert jeden Sachvorschlag zunächst verwirft und Sie und Ihre Kollegen dadurch eine Vielzahl von Konflikten mit sich herumtragen müssen. Als Lösung für Konflikte gibt es letztlich nur eine Strategie: Reden Sie mit Ihrem Chef oder Ihrem Kollegen!

- Nehmen Sie Missstimmungen wahr und machen Sie sich Ihre Empfindungen bewusst.
- Stellen Sie den Konflikt in Form von Ich-Botschaften dar. Wie Sie dabei konkret vorgehen können, lesen Sie weiter unten.

- Bitten Sie Ihren Vorgesetzten/Ihren Kollegen, sich Zeit für ein Gespräch mit Ihnen zu nehmen und Ihnen zuzuhören. Sprechen Sie mit ihm darüber, was Ihnen wichtig ist: über Ihre Ziele, Ihre Gefühle und Interessen.
- Hören Sie anschließend Ihrem Chef beziehungsweise Ihrem Kollegen zu und lassen Sie ihn seine Ziele, Gefühle und Interessen darstellen.
- Beharren Sie nicht auf Ihrer Position, sondern suchen Sie nach gemeinsamen Interessen. Suchen Sie das Verbindende, nicht das Trennende.
- Trennen Sie Mensch und Problem zugunsten einer sachlichen Lösung.

Beispiel: Gerade noch einmal gut gegangen

Eine Seminarteilnehmerin erzählte mir, dass sie bisher ein recht gutes Verhältnis zu ihrem Chef gehabt habe. Allerdings war ihr in der letzten Zeit aufgefallen, dass er sich ihr gegenüber immer wortkarger und unfreundlicher verhielt. Da sie sich keinen Reim auf diese Veränderung machen konnte, fragte sie eine Kollegin, ob ihr auch Veränderungen am Verhalten des Chefs aufgefallen seien. Als diese die Frage verneinte, beschloss Frau S. ihren Chef in einem Vieraugengespräch auf ihre Beobachtungen anzusprechen. Sie sagte, was ihr aufgefallen sei, und fragte, ob ihre Beobachtungen richtig seien. Ihr Chef erwiderte, dass er sich in den vergangenen Wochen mehrfach über Frau S. geärgert habe. Ursache dafür war, dass sie nach seiner Meinung gemeinsame Absprachen in ihren Projekten nicht entsprechend einbezogen beziehungsweise umgesetzt habe. Frau S. war wie vom Donner gerührt, da sie sich keiner Schuld bewusst und davon ausgegangen war, dass sie im Sinne ihres Vorgesetzten agiert habe. Da hatte sie ihn wohl teilweise missverstanden! Für zukünftige

Besprechungen nahm sie sich vor, Arbeitsaufträge ihres Chefs am Ende des Meetings noch einmal zusammenzufassen und zu wiederholen, um weitere Missverständnisse zu vermeiden.

TIPP

Entscheidend ist nicht nur die Vorbereitung, sondern das konkrete Gespräch mit Ihrem Chef oder Ihrem Kollegen. Dieses müssen Sie auch dann suchen, wenn der oder die andere ein eher unangenehmer Zeitgenosse ist. Achten Sie darauf, dass es tatsächlich zu einer Kommunikation und einer Verständigung kommt.

Es gibt eine goldene Regel der Kommunikation zur Überwindung möglicher Kommunikationsbarrieren. Sie lautet folgendermaßen:

Gedacht bedeutet nicht gesagt,
gesagt bedeutet nicht gehört,
gehört bedeutet nicht verstanden,
verstanden bedeutet nicht einverstanden,
einverstanden bedeutet nicht behalten,
behalten bedeutet nicht angewendet,
angewendet bedeutet nicht verändert.

1. *Gedacht* bedeutet nicht *gesagt*

Ihre Gedanken, Hoffnungen, Sorgen, Zweifel, Gefühle etc. kann niemand erahnen oder Ihnen von der Stirn ablesen. Überlegen Sie, was Sie Ihrem Gesprächspartner mitteilen wollen und sprechen Sie es dann aus.

2. *Gesagt* bedeutet nicht *gehört*

Wählen Sie für Gespräche eine Gelegenheit, bei der Sie wirkliche Aufmerksamkeit erhalten und sich Gehör verschaffen können. Es gibt zahlreiche Situationen und Zeitpunkte, in denen Ihr Gesprächspartner

Ihnen nicht in der Weise zuhören wird, wie Sie es sich wünschen. Beispielsweise zwischen Tür und Angel oder vor wichtigen Besprechungen.

3. *Gehört* bedeutet nicht *verstanden*

Ihr Gesprächspartner hat Ihre Botschaft zwar vielleicht gehört, aber nicht automatisch verstanden. Ursachen hierfür können andere wichtige Themen, Zeitdruck, fehlendes Interesse, Müdigkeit, eigene Probleme usw. sein. Orientieren Sie sich also an den Möglichkeiten, die Ihr Gesprächspartner hat, Ihre Aussagen inhaltlich nachzuvollziehen. Fassen Sie Wichtiges noch einmal zusammen und wiederholen Sie es mit anderen Worten. Wichtig ist dabei, dass Sie Aussagen nicht wortwörtlich wiederholen – Ihr Gesprächspartner ist schließlich nicht schwer von Begriff – und auch nicht dabei lauter werden – vermutlich ist er auch nicht schwerhörig. Missverständnisse entstehen oft dadurch, dass wir in persönlichen »Rillen« wie bei Schallplatten denken und Wörtern eine bestimmte Bedeutung beimessen, die der andere jedoch weder kennt noch gemeint hat. Ein Paradebeispiel hierfür stellt die Interpretation des Wortes »nett« dar.

4. *Verstanden* bedeutet nicht *einverstanden*

Ihr Gesprächspartner kann Sie zwar verstanden haben, aber anderer Meinung sein. Versuchen Sie ihn mit Argumenten zu überzeugen, auf keinen Fall jedoch mit Druck. Unterstreichen Sie Ihre Position durch Ihr Auftreten und Ihr Verhalten. Fragen Sie nach, ob Sie sich seiner Zustimmung sicher sein können. In diesem Zusammenhang möchte ich Sie auf einen großen Stolperstein hinweisen: das Schweigen Ihres Gesprächspartners. Viele Menschen interpretieren Schweigen als Zustimmung. Es gibt jedoch auch viele andere Gründe für das Schweigen Ihres Gesprächspartners: Ablehnung, Nachdenklichkeit, Gleichgültigkeit, fehlender Mut zur Meinungsäußerung, Unentschlossenheit oder Teilnahmslosigkeit.

5. *Einverstanden* bedeutet nicht *behalten*

Im Alltagsstress kann eine spontane Zustimmung schnell wieder in Vergessenheit geraten. Klären Sie, ob sich Ihr Gesprächspartner ein paar Tage später noch an die getroffene Vereinbarung erinnert und ihr immer noch zustimmt. Unter Umständen ist es ratsam, die mündlich geäußerte Zustimmung noch einmal in einer Mail schriftlich festzuhalten.

6. *Behalten* bedeutet nicht *angewendet*

Nicht auf jede Absichtserklärung folgt auch eine Umsetzung. Sorgen Sie also bei einem Konflikt nicht nur für gemeinsame Absprachen, sondern auch dafür, dass diese umgesetzt werden. Beobachten Sie, ob Ihr Gesprächspartner Vorbehalte und Widerstände hat und helfen Sie, diese zu überwinden.

7. *Angewendet* bedeutet nicht *verändert*

Auch wenn eine konkrete Vereinbarung umgesetzt wird, muss sich damit das Konfliktpotenzial noch nicht dauerhaft verändert haben. Erinnern Sie Ihren Gesprächspartner in regelmäßigen Zeitabständen an die getroffenen Absprachen. Informieren Sie ihn über den Stand Ihrer Arbeit. Je nach Unternehmenskultur und Persönlichkeit Ihres Gesprächspartners, insbesondere wenn es sich dabei um Ihren Chef handelt, freut er sich auch über positive Rückmeldungen in Form von Anerkennung für seine Anstrengungen.

Am besten ist es natürlich, es gar nicht erst zum Konflikt kommen zu lassen. Wichtige Voraussetzungen dafür, dass Konflikten der Nährboden entzogen wird, sind eine offene Kommunikation und gegenseitiges Vertrauen und Wertschätzung.

Beispiel: Glücksfall – Mitarbeiter und Chef als Sparringspartner

Wenig Zündstoff zwischen Mitarbeiter und Chef gibt es dann, wenn regelmäßige Gespräche zwischen beiden an der Tagesordnung sind. So berichtete mir ein Klient im Coaching, dass er zu seinem letzten Vorgesetzten ein sehr gutes Verhältnis gehabt habe. Das lag vor allem daran, dass sich beide regelmäßig zusammensetzten und über aktuelle und anstehende Projekte sprachen. Mein Klient erzählte, dass beide natürlich nicht immer einer Meinung waren, bisweilen habe es auch hitzige Diskussionen gegeben. Das Verhältnis zu seinem Chef sei jedoch von gegenseitiger Wertschätzung und Anerkennung geprägt gewesen, sodass es nie zu ernstlichen Spannungen gekommen sei. Bisweilen habe sein Chef ihn sogar um seine Meinung und seinen Rat in bestimmten Entscheidungs-Situationen gefragt.

Wie können Sie konkret zur Konfliktprävention beitragen?

Informieren Sie sich. Fragen Sie Ihren Chef, was für Ziele er verfolgt und was ihm wichtig ist. Gestehen Sie ihm allerdings zu, dass er Sie nicht über alles informieren wird, was Sie gerne wissen möchten. Er befindet sich auf einer anderen Hierarchiestufe als Sie und verfügt über Informationen, die schlichtweg nicht für Ihre Ohren bestimmt sind.

- Beteiligen Sie sich an Gesprächen und Diskussionen.
- Mischen Sie sich ein, auch wenn das manchmal unbequem ist.
- Geben Sie positive Rückmeldungen. Vermeiden Sie ungerechtfertigte und verletzende Kritik. Denken Sie daran: Wie man in den Wald hineinruft, so schallt es heraus!
- Äußern Sie sich nie gegenüber Dritten (Vorgesetzten, Kollegen, Mitarbeitern, Kunden, Außenstehenden) negativ über Abwesende. Lassen Sie Ihre Wertschätzung erkennen oder schweigen Sie lieber. Konflikte gehören im Vieraugengespräch geklärt.
- Seien Sie offen für konstruktive Kritik seitens Ihres Vorgesetzten. Greifen Sie sie auf und entwickeln Sie eigene Verbesserungsvorschläge und -möglichkeiten.

Konfliktgespräche konstruktiv führen

Dass Konflikte in ihrer Anfangsphase über positive Energie verfügen, habe ich bereits erwähnt. Diese Energie gilt es zu nutzen, um den Konflikt konstruktiv anzusprechen. In den Anfangsphasen können beide Konfliktparteien noch als Gewinner aus der Situation herausgehen, bei zunehmender Eskalation gibt es mindestens einen Verlierer, bei hoher Eskalation verlieren beide Seiten.

Wie können Sie Konflikte konstruktiv ansprechen? Eine Vorgehensweise, die sich in meinen Coachings und Trainings seit Langem bewährt, verbirgt sich hinter dem Akronym, also dem Kurzwort aus Anfangsbuchstaben, SAG ES. »Sag es« beinhaltet natürlich gleichzeitig die Aufforderung, die Missstände anzusprechen. Akronyme oder auch Bilder eignen sich nach meiner Erfahrung besonders gut für Verhaltensänderungen, weil wir sie uns gut einprägen und im entsprechenden Moment abrufen können. Ich erinnere mich direkt, was ich in dieser Situation anders machen möchte – und setze es im Idealfall auch um.

Wie sieht »SAG ES« konkret aus?

Stellen Sie sich folgende Situation vor: Sie sind in einem Gespräch mit Ihrem Kollegen und er fällt Ihnen wiederholt ins Wort. Sie kennen dieses Verhalten schon aus vorangegangenen Gesprächen. Ständig meint er zu wissen, was Sie sagen wollen, und unterbricht Sie. Meistens liegt er mit seinen Vermutungen aber falsch. Sie werden langsam sauer und denken sich: »Typisch! Wozu rede ich überhaupt mit dem, wenn er doch sowieso alles besser weiß.« Ihr erster Impuls ist, dass Sie ihn anfahren: »Mir reicht's jetzt! Können Sie mich vielleicht auch mal ausreden lassen?! Sie fallen mir ständig ins Wort!« Die Reaktion Ihres Kollegen kann unterschiedlich ausfallen: er ist beleidigt und rechtfertigt sich, dass er Ihnen überhaupt nicht ständig ins Wort gefallen ist. Oder er wird laut und schimpft zurück, was Ihnen einfällt, so mit ihm zu reden.

Ihre Verärgerung ist verständlich. Außerdem fühlen Sie sich wahrscheinlich im Recht, denn Sie haben ja nur auf das Fehlverhalten Ihres Kollegen reagiert. Er hat ja schließlich angefangen.

Da Sie allerdings auch in der Zukunft mit Ihrem Kollegen zusammenarbeiten müssen, stellt sich die Frage, ob es nicht auch eine andere Möglichkeit zu reagieren gibt. Eine Möglichkeit, mit der Sie Ihrem Unmut Luft verschaffen, ohne dabei Ihren Kollegen vor den Kopf zu stoßen und anzugreifen. Hier kommt SAG ES ins Spiel. In der folgenden Tabelle lesen Sie, wie Ihre Reaktion auch aussehen kann.

S	**Sachverhalt konkret ansprechen**	Mir ist aufgefallen, dass Sie mich im Verlauf des Gesprächs mehrfach unterbrochen haben.
A	**Auswirkungen beschreiben**	Dabei verliere ich den roten Faden.
G	**Gefühle benennen**	Das ärgert mich.
E	**Erfragen, wie der andere den Sachverhalt sieht**	Wie sehen Sie das?
S	**Schlussfolgerungen ziehen**	Wie könnte die Lösung aussehen? Ich wünsche mir, dass Sie mich im weiteren Verlauf des Gesprächs ausreden lassen.

Zwei Aspekte sind bei diesem Vorgehen besonders wichtig: erstens die Ich-Botschaften zu Beginn (SAG), zweitens das Erfragen der Sichtweise des Anderen (ES). Wir neigen insbesondere in Konfliktsituationen gerne dazu, das Verhalten des anderen negativ auszulegen, da sich unsere Wahrnehmung nur noch auf die Aspekte einengt, die wir sehen wollen. Der Schluss lautet dann oft voreilig: »Er macht das ja nur, um mich zu ärgern.« Es mag sein, dass Sie damit richtig liegen. Es kann aber auch sein, dass sich Ihr Gesprächspartner über die Wirkung seines Verhaltens überhaupt nicht im Klaren und froh über eine Rückmeldung ist.

Beispiel: Ein Don't der Kommunikation unbeabsichtigt eingesetzt

Einer meiner Klienten hatte im Gespräch die Unart, regelmäßig mit dem ausgestreckten Zeigefinger auf Menschen zu zeigen. Er machte dies in seinem Arbeitsumfeld, wo ich ihn wiederholt begleitet habe, aber auch im Gespräch mit mir. Die Spanne der Reaktionen seiner Kollegen und Mitarbeiter variierte zwischen Verärgerung, Distanzierung und Gleichgültigkeit. Im Coaching auf sein Verhalten angesprochen (»Wie sehen Sie das?«) reagierte mein Klient völlig überrascht. Er war sich erstens nicht bewusst, dass er so oft mit dem Zeigefinger auf andere Menschen zeigt, und zweitens konnte er sich nicht vorstellen, dass dieses Verhalten unangenehm ist. Er bat mich im weiteren Gespräch, diese Gestik anzuwenden, und ihm wurde ganz schnell klar, welche negative Wirkung sie hat. Ein Aha-Erlebnis mit Folgen: Er gelobte schleunigst Besserung. Zu einem späteren Zeitpunkt konnte ich mich von seiner Verhaltensänderung überzeugen.

Nach meiner Erfahrung führt das Erfragen der Sichtweise des Gesprächspartners in vielen Fällen zu einer Deeskalation des Konfliktes. Bei dem oben angeführten Beispiel kann es auch sein, dass Ihr Kollege gar nicht merkt, dass er Ihnen so oft ins Wort fällt. Vielleicht gehört er in die Gruppe der Schnellredner und -denker, die meinen, nie Zeit verlieren zu dürfen. Oder er ist mit soviel Engagement und Elan beim Thema, dass mit ihm die Pferde durchgehen. Wenn Sie nach dem SAG-ES-Prinzip vorgehen, verschaffen Sie sich Luft und sorgen gleichzeitig dafür, dass die Beziehungsebene zu Ihrem Kollegen unbeschädigt bleibt. Sie klären den Konflikt auf der Sachebene, ohne Ihren Kollegen anzugreifen. Schließlich sollen beziehungsweise wollen Sie ja noch weiter zusammenarbeiten.

Noch eine Anmerkung zum Thema »Gefühle benennen«: Ich werde häufig von Klienten gefragt, ob das Zeigen von Gefühlen im beruflichen Umfeld nicht ein Zeichen von Schwäche ist. Nein, es ist kein Zeichen von Schwäche, sondern zeugt von Selbstbewusstsein und Souveränität. Sie haben Gefühle und Sie haben ein Recht auf Ihre Gefühle, das heißt, dass Sie auch zu Ihnen stehen dürfen. Auch bei der Arbeit. Vor allem, wenn Sie das möglichst sachlich und mit Ich-Botschaften wie »Das freut/ärgert mich« tun. Sowohl positive als auch negative Gefühle haben ihre Berechtigung. Die Frage ist allerdings, wie Sie Ihre Gefühle ausdrücken. Wichtig ist dabei, dass Sie Ihr Gegenüber mit Ihrem Verhalten nicht überfordern – und zwar weder in Bezug auf positive noch in Bezug auf negative Emotionen. Ich vermute, dass die Wahrscheinlichkeit relativ gering ist, dass Sie Ihrem Chef oder Kollegen vor Freude um den Hals fallen. In Bezug auf negative Gefühle ist es ein Zeichen von Schwäche, wenn Sie anfangen laut zu werden, herumbrüllen und andere angreifen, um sich Luft zu verschaffen. Auch wenn dieses Verhalten leider immer wieder – auch im beruflichen Umfeld – zu beobachten ist. Dieses aggressive Verhalten ist eine Bankrott-Erklärung für die eigene soziale Kompetenz.

Ein weit verbreitetes Verhalten in Konfliktsituationen ist es, dem anderen Vorwürfe zu machen und die Schuld für die Spannung in die Schuhe zu schieben. »Ich habe ... ja nur gemacht, weil Sie vorher ... gemacht haben!« Dieses vereinfachte Ursache-Wirkungs-Denken führt zu einem Teufelskreis aus Schuldzuweisungen und Rechtfertigungen, die einer Lösung des Problems jedoch nicht zuträglich sind.

Ich möchte Ihnen an dieser Stelle eine Vorgehensweise vorstellen, mit der Sie Konflikte wesentlich effizienter lösen und eine weitere Eskalation verhindern können. Betrachtet man einen Konflikt unter systemischen Gesichtspunkten, dann gibt es nicht nur eine Ursache, sondern viele. Oftmals lassen sich die Ursachen auch nicht mehr rekonstruieren, weil sie weit in der Vergangenheit liegen. Für die Lösung des Konflikts ist es auch nicht wichtig, was genau die Ursache ist, da ihre Analyse selten zur Lösung des Problems beitragen kann. Viel sinnvoller ist es zu überlegen, was schief oder schlecht läuft und wie es stattdessen besser laufen sollte.

Nehmen wir noch einmal das Beispiel von dem Kollegen, der Ihnen regelmäßig ins Wort fällt. Für die Lösung des Konflikts ist es vollkommen unerheblich zu ergründen, warum er das tut. Auch wenn viele Menschen gerne und viel Zeit damit verbringen herauszufinden, warum andere Menschen ein bestimmtes Verhalten an den Tag legen. Diese Überlegungen bewegen sich jedoch überwiegend im Bereich der Spekulationen und Hobby-Psychologie. Für die Lösung des Problems ist es unerheblich, wie das Problem entstanden ist. Viel wichtiger ist es herauszufinden, was Sie konkret stört: dass Ihr Kollege Sie nicht ausreden lässt. Und Sie wünschen sich, dass er Ihnen bis zum Ende Ihrer Ausführungen zuhört. Wenn Sie diesen Sachverhalt ansprechen, ist das Problem so gut wie gelöst.

Um Konflikte konstruktiv anzusprechen, empfehle ich Ihnen von daher zwei Vorgehensweisen, die sich ergänzen: SAG ES und den Fokus von Problemen auf die Lösungen zu verschieben. Wenn Sie dieses Vorgehen ausprobieren, werden Sie ganz schnell merken, dass Sie in vielen Situationen Ihre Energie sparen und für angenehmere Dinge als Streitigkeiten einsetzen können.

Problemsicht	Was läuft schlecht?
Wünsche/Ziele	Was sollte stattdessen sein? Was wünschen wir uns? Wie würde es optimal laufen?
und **Maßnahmen**	Was brauchen wir, um dies zu erreichen?

Wenn der Konflikt doch eskaliert ist ...

Manchmal lässt es sich jedoch nicht vermeiden, dass ein Konflikt eskaliert. Das kann an Ihnen liegen, aber auch an Ihrem Chef oder Ihrem Kollegen. In diesen Situationen empfehle ich Ihnen folgende Tipps zu beherzigen:

Machen Sie sich nicht selbst klein und machtlos – Ihr Chef/Kollege ist auch nur ein Mensch. Treten Sie selbstbewusst und souverän auf. Weitere Tipps zum Thema »Souverän kommunizieren« erhalten in Kapitel 7. Überlegen Sie sich vor einer Situation, was schlimmstenfalls passieren könnte. Und was Sie tun können, damit genau das nicht eintritt.

Wenn Ihr Chef oder Ihr Kollege zu unkontrollierten Wutausbrüchen neigt: Hier helfen sachliche Argumente ausnahmsweise nicht weiter. Bieten Sie dem Anfall kühl die Stirn, ohne ihn noch weiter anzuheizen (auf keinen Fall: »Regen Sie sich doch nicht so auf!«) – und lassen Sie ihn toben. Machen Sie sich nicht klein (und bloß nicht weinen!!!), sonst besteht die Gefahr, dass Sie demnächst zu seinem Lieblings-Opfer werden. Hier ist Grenzen ziehen angesagt. Halten Sie Blickkontakt (Blickkontakt löst Beißhemmung aus) und nehmen Sie eine aufrechte Körperhaltung ein – eine wahre Herausforderung! Und denken Sie sich Ihren Teil ... Sollte Ihr Gesprächspartner anfangen, Sie zu beschimpfen, müssen Sie sich das nicht bieten lassen, also gehen Sie. Wenn Sie ganz couragiert sind, dann mit den Worten: »In diesem Ton lasse ich nicht mit mir reden. Wir können gerne weiterreden, wenn Sie sich wieder beruhigt haben.«

Übung macht auch hier den Meister! Also gehen Sie nicht zu hart mit sich ins Gericht, wenn es nicht gleich beim ersten Mal so klappt, wie Sie es sich vorstellen.

KOMPAKT

Konflikte mit Ihrem Chef (aber auch mit anderen Menschen) entstehen dadurch, dass Sie Hypothesen darüber bilden, warum er sich in einer bestimmten Situation so und nicht anders verhält. Mit diesen Vermutungen liegen wir allerdings oft falsch und es kommt zu Missverständnissen und Spannungen. Diese Missverständnisse werden umso seltener, je besser wir den anderen kennen. Deshalb ist es unvermeidlich, dass Sie Ihren Chef besser kennenlernen. Es ist sinnvoll, Konflikte möglichst frühzeitig anzusprechen. Das SAG-ES-Prinzip eignet sich für konstruktive Gespräche. Außerdem ist es hilfreich, den Fokus von Problemen zu Lösungen zu richten.

Ursache und Lösung zugleich: Unterschiedliche Arten des Denkens

5

Ein typisches Meeting

Kennen Sie folgende Situation? Sie sitzen in einer Besprechung. Ihr Kollege Weber trägt seine Präsentation vor. Für Ihren Geschmack ist sie etwas ausführlich, aber bei der Komplexität des Themas ... es hat schon seine Berechtigung. Ihnen gegenüber sitzt Ihr Kollege Thomas Schmidt. Sie sehen, wie er immer wieder die Augen verdreht. Bei jeder neuen Folie wird er ungeduldiger. Bis ihm der Kragen platzt. Mal wieder. Er unterbricht Martin Weber ziemlich schroff: »Das ist ja alles schön und gut. Aber können Sie mal zu Potte kommen und uns zeigen, wo das Ganze hinführt?!« Weber gerät ins Stocken, wird blass und schluckt.

Sie haben mitbekommen, dass er gestern Abend noch bis spät an der Präsentation gefeilt hat. Es ist ihm wichtig, die Dinge immer genau auf den Punkt zu bringen. Und er gehört zu den Leuten, die erst dann nach Hause gehen, wenn sie mit ihrer Arbeit fertig sind. Egal wie spät es unter Umständen wird. Weber atmet tief durch und erwidert: »Wir müssen alle Details betrachten, damit wir bei der Entscheidung über den Fortgang des Projektes keine wichtigen Punkte übersehen. Dafür brauchen wir nun mal Zeit.«

Vielleicht spricht Ihnen Thomas Schmidt auch aus der Seele? Oder sehen Sie eher in Martin Weber einen Seelenverwandten? Beide Verhaltensweisen sind übrigens nicht typisch männlich – auch Frauen treten auf die eine oder andere Art auf.

Was geht in Thomas Schmidt vor, während er der Präsentation seines Kollegen zuhört? Wobei er vermutlich gar nicht die ganze Zeit zuhören wird, sondern zwischenzeitlich auf seinem Blackberry Mails bearbeitet. Zeit ist schließlich Geld. Und Besprechungen nur überflüssiges Geschwafel. Außer es werden Entscheidungen getroffen, Meilensteine und Verantwortlichkeiten festgelegt. Am liebsten natürlich neue Herausforderungen für ihn. Er ist schließlich hier, um Ziele zu erreichen und Probleme zu lösen. Solche umständlichen Erbsenzähler wie der Weber lähmen da eher das Business. Der immer mit seiner Sturheit, hier noch eine Analyse, da noch ein Bedenken. Furchtbar!

Und was denkt Martin Weber von seinem Kollegen Schmidt? Typisch, der reißt mal wieder alles an sich. Weiß alles besser, obwohl er nie zuhört, und bestimmt ohne Rücksicht auf andere, wie es weitergeht. Hauptsache, er steht am Schluss wieder als der tolle Hecht dar. Aber dass ich die ganze Arbeit gemacht habe, interessiert nicht. Qualitätssicherung scheint für ihn ein Fremdwort zu sein. Und kritische Fragen kann er überhaupt nicht vertragen.

Der eine sieht den anderen als arroganten, rücksichtslosen Antreiber beziehungsweise als verbohrten Nörgler, der nur die Arbeit blockiert. Beide halten einander für »schwierig« und sind froh, wenn sie mit dem jeweils anderen möglichst wenig zu tun haben. Das lässt sich allerdings nicht vermeiden. Beide gehören schließlich zum gleichen Team.

Da beide eher negativ voneinander denken und bisher nicht auf die Idee gekommen sind, miteinander zu reden, wissen sie natürlich auch nicht, wie sie vom jeweils anderen eingeschätzt werden. Und dass sie – auch von anderen Menschen – für »schwierig« gehalten werden, können sie sich beim besten Willen nicht vorstellen. Sie wollen doch beide nur das Beste für die Firma.

Wichtig ist, dass jede Firma beide braucht. Den Pragmatiker Thomas Schmidt, der selbstbewusst und energisch gegenüber Kunden, Auftraggebern und Lieferanten auftritt und entschluss- und risikofreudig zur Tat schreitet. Und den Analytiker Martin Weber, der gründlich und logisch vorgeht, alles genau prüft und Vor- und Nachteile abwägt.

Vom Umgang mit schwierigen Menschen

Was hat es nun mit diesen »schwierigen« Menschen auf sich und wieso ist es hilfreich, sich mit ihnen zu beschäftigen? Jeder von uns kennt vermutlich einen Martin Weber oder einen Thomas Schmidt – oder zumindest Menschen, die ähnliche Verhaltensweisen zeigen. Auch wenn die beiden in dem Beispiel übertrieben beschrieben wurden.

KOMPAKT

Was heißt schwierig?

»Schwierig« heißt, dass es Menschen gibt, die uns mehr Energie und manchmal auch Nerven kosten als andere. Auch wenn Sie vielleicht bereits durch Coachings oder Seminare wissen, dass andere Menschen sich anders verhalten als Sie, weil sie anders wahrnehmen, denken, fühlen ... Menschen verhalten sich anders, weil sie andere Vorlieben haben oder ein anderer »Typ« sind – und nicht unbedingt, um Sie zu ärgern (was allerdings manchmal auch der Fall sein kann).

Es gibt auch Menschen, mit denen wir leichter zurechtkommen und lieber zusammen sind beziehungsweise arbeiten. Thomas Schmidt und Wiebke Neumeier kommen bei der Arbeit ganz gut miteinander zurecht. Unter rein beruflichen Aspekten – versteht sich. Sie sind beide nach außen auf ihre Umwelt hin orientiert und gehen aus sich heraus. Sie sagen und zeigen, was sie denken und fühlen. Sie arbeiten gerne mit anderen Menschen zusammen. Und sie sind offen für Veränderungen. Wenn es um neue Projekte und Entwicklungen in der Abteilung geht, sind beide mit Begeisterung dabei. Man könnte Thomas Schmidt und Wiebke Neumeier auch als extravertiert beschreiben.

Nach der Begeisterung für neue Aufgaben trennen sich jedoch die Wege der beiden ganz schnell. Thomas Schmidt ist lösungsorientiert und möchte schnell und effizient vorankommen – typisch Pragmatiker eben. Er wird ganz ungeduldig, wenn er mitbekommt, wie seine Kollegin sich für immer neue Aspekte dieser Geschäftsidee oder jenes Projektes begeistert. Und wen sie alles ansprechen könnte, um fachkundige Unterstützung zu erhalten, und wer bei der Realisierung alles mit eingebunden werden soll ... und ... und ... Und dann ihre impulsive Mimik und Gestik. Das ist jetzt langsam alles etwas zu viel des Guten! Zumal er ja schon wiederholt die Erfahrung gemacht hat, dass aus all diesen Versprechen und Ideen wenig wird. Die Kollegin ist in seinen Augen unzuverlässig, verzettelt sich und hat einen undisziplinierten und chaotischen Arbeitsstil. Ihren Enthusiasmus schätzt er ja bis zu einem gewissen Grad, aber dann wird daraus ganz schnell Wolkenschieberei.

Sie können sich sicherlich denken, dass Wiebke Neumeier sich selbst mit ganz anderen Worten beschreiben würde. Sie sieht sich als den kreativen Kopf der Abteilung, der mit viel Energie und voller Begeisterung immer wieder neue Ideen einbringt. Sie ist humorvoll und optimistisch und sieht oft noch einen Silberstreifen am Horizont, wenn die anderen Kollegen schon die Flinte ins Korn geworfen haben. Und hat sie nicht mit ihrem Charme schon manchen Kunden und Lieferanten einfangen können? Okay, dass ihr Arbeitsstil nicht gerade der ordentlichste ist – das muss sie schon zugeben. Und dass sie auch nicht immer Termine einhält ... das kann ja schon mal passieren. Passiert bei den anderen ja auch, oder etwa nicht? Das ist doch menschlich. Keiner ist schließlich perfekt. Außer Martin Weber. Der strebt ja immer nach Perfektion!

Martin Weber und Wiebke Neumeier, die beiden sind wie Feuer und Wasser. Gute Zusammenarbeit zwischen den beiden gelingt nur dann, wenn sie in unterschiedlichen Projektphasen eingebunden sind. Aber Gegensätze ziehen sich auch an: Der eher zurückhaltende Martin Weber ist schon manchmal fasziniert von der Leichtigkeit, mit der seine Kollegin andere »um den Finger wickeln« kann – während er sich mühsam unzählige Argumente zurechtlegt, um die anderen von seinem Standpunkt zu überzeugen. Und auch Wiebke Neumeier kann der Beständigkeit und inneren Ruhe, die Martin Weber für sie ausstrahlt, durchaus etwas abgewinnen. Begeistert sein und begeistern ist aber auf die Dauer auch anstrengend!

Der vierte in der Abteilung ist Max Oberndorf. Er ist – ähnlich wie Martin Weber – eher zurückhaltend und in der Beobachterrolle. Im Gegensatz zu seiner Kollegin Neumeier ist er sehr zuverlässig und übernimmt selbst die Aufgaben scheinbar gerne, die sonst keiner erledigen möchte. Er ist geduldig und verständnisvoll – so etwas wie der »Kummerkasten« der Abteilung. Wenn es Probleme gibt, bemüht er sich sofort um eine Schlichtung. Streit kann er gar nicht haben. Eine gute Atmosphäre ist für ihn lebenswichtig. Dazu gehören auch manchmal Eis oder Kuchen für die Kollegen, die er aus der Mittagspause mitbringt. Er versteht sich eigentlich mit allen aus der Abteilung ganz gut – und alle sich mit ihm. Zumindest gibt es mit Max Oberndorf die wenigsten Reibereien. Auch wenn den anderen seine Harmoniesucht und Unterwürfigkeit manchmal auf die Nerven geht. Und dass man bei ihm nie weiß, was er wirklich denkt. Typisch Ja-Sager.

Sie haben nun vier Charaktere einer Abteilung kennengelernt. Alle haben ihre Stärken und ihre Schwächen. Alle sehen sich selbst mit anderen Augen, als sie von den Menschen in ihrer Umgebung wahrgenommen werden, und wären vermutlich sehr überrascht über die Einschätzung der anderen. Die Beschreibungen von Thomas Schmidt, Martin Weber, Wiebke Neumeier und Max Oberndorf sind natürlich überspitzt. Außerdem finden sich im Alltag so gut wie nie Menschen, auf die nur eine dieser Beschreibungen zutrifft. Wir zeigen alle eine Mischung aus Verhaltensweisen von zwei, drei oder vielleicht sogar allen vier hier vorgestellten Personen.

Deshalb an dieser Stelle noch einmal eine kurze Zusammenfassung:

Thomas Schmidt	
Wie er sich selbst sieht:	pragmatisch, lösungsorientiert, schnell, effizient, entscheidungsfreudig
Wie andere ihn sehen:	ungeduldig, rücksichtslos, dominant, arrogant, antreibend
Wiebke Neumeier	
Wie sie sich selbst sieht:	kreativ, voller Energie und Begeisterung, humorvoll, optimistisch, charmant
Wie andere sie sehen:	impulsiv, unzuverlässig, undiszipliniert, chaotisch, manipulierend
Max Oberndorf	
Wie er sich selbst sieht:	zuverlässig, geduldig, fleißig, verständnisvoll
Wie andere ihn sehen:	Ja-Sager, harmoniesüchtig, unterwürfig, nachtragend
Martin Weber	
Wie er sich selbst sieht:	gründlich, analytisch, kritisch, logisch, beständig
Wie andere ihn sehen:	Erbsenzähler, stur, perfektionistisch, unflexibel

An diesen Schilderungen fällt auf, dass wir häufig eine stereotype, stark vereinfachte, schonungslose und unvereinbare Sicht einnehmen, wenn wir das Verhalten von anderen Menschen und unser eigenes Verhalten beschreiben: die anderen sehen wir sehr kritisch und ablehnend, uns selbst dagegen eher mit Wohlwollen und affirmativ, also zustimmend und bestätigend. Aus psychohygienischen Gründen, also für unser psychisches Wohlbefinden ist dieses Vorgehen natürlich empfehlenswert und sinnvoll. Für den Umgang mit schwierigen Menschen ist es jedoch nicht zielführend, hier empfiehlt sich ein etwas anderes Vorgehen: Es geht darum, das Problem aus einem anderen Blickwinkel zu betrachten. Durch einen Perspektivenwechsel ist es oft leichter, eine Lösung zu finden, als wenn man nur auf seinem Standpunkt verharrt. Bedenken Sie: Eine Ein-Euro-Münze – also ein und dasselbe Geldstück – hat auch zwei Seiten. Natürlich wäre es viel einfacher, wenn man zu seinem als »schwierig« definierten Menschen hingehen und sagen könnte: »Ändere dich mal und werde pflegeleichter!« Leider – oder besser zum Glück – funktioniert das nicht. Durch das Umdeuten erkennen wir, dass das, was wir an anderen Menschen als schwierig beschreiben, sehr viel mit uns selbst zu tun hat. Umdeuten hat übrigens nichts mit Schönreden oder der Wahrnehmung der anderen Person durch eine rosarote Brille zu tun, es geht um den Wechsel des Blickwinkels und um neue Perspektiven. Etwa so, als würden Sie sich zu Hause nicht mehr auf Ihren Stammplatz setzen, sondern auf den Stuhl oder in den Sessel Ihres Partners oder Ihrer Partnerin.

Bei vielen Menschen ist es so, dass sie die Verhaltensweisen bei anderen als anstrengend und schwierig erleben, die ihrem eigenen Verhalten fremd oder sogar entgegengesetzt sind. Martin Weber und Wiebke Neumeier sind wie Feuer und Wasser. Gleiches gilt für Thomas Schmidt und

Max Oberndorf. Die anderen Kombinationsmöglichkeiten der drei Kollegen und der Kollegin sind weniger spannungsgeladen. Dennoch gibt es auch hier etliche Reibungspunkte.

Menschen, die für Sie Nervensägen darstellen, müssen es nicht zwingend auch für andere sein und umgekehrt. Ob Sie gut mit Ihrem Chef oder Ihren Kollegen klarkommen oder mit ihnen aneinandergeraten, hängt also nicht nur von den anderen ab, sondern vor allem von Ihnen.

Psychologen arbeiten gerne mit Kategorisierungsmodellen, um menschliches Verhalten zu beschreiben. Dabei geht es nicht darum, Menschen in Schubladen einzuordnen, sondern die große Vielfalt und Komplexität von Verhalten zu erfassen und vereinfacht darzustellen, um sie besser verständlich zu machen. Diese Modelle sind nicht statisch, das heißt, ein Mensch ist nicht für alle Zeiten ein bestimmter »Typ«, sondern solche Modelle sind dynamisch und geben Anregungen für die persönliche Weiterentwicklung.

Das PETA-Modell: Ihre Toolbox für weniger Frust

In den vergangenen Jahren habe ich viele Menschen befragt, um herauszufinden, was für sie »schwierige« Menschen sind. Die Antworten habe ich analysiert, geordnet und zusammengefasst und daraus das PETA-Modell für schwierige Menschen entwickelt. PETA hat nichts mit der Tierschutzorganisation zu tun, sondern ist ein Akronym, also eine Abkürzung aus Anfangsbuchstaben. Mithilfe dieses Modells lässt sich herausfinden, welche Verhaltensweisen Menschen haben, die Sie als schwierig und nervenaufreibend erleben und mit denen Sie immer wieder aneinandergeraten. Und schließlich lernen Sie, wie Sie solche Konflikte zukünftig besser bewältigen oder sogar vermeiden können. Wenn Sie es denn wollen.

Konfliktmanagement heißt nicht, dass Sie sich in Zukunft nicht mehr streiten sollen und Ihr ganzes Leben nur noch harmonisch ablaufen soll. Eine ehemalige Seminarteilnehmerin sagte mir, dass sie sich gerne streitet und keinen Grund sieht, daran etwas zu ändern. Wenn Sie sich streiten wollen, dann machen Sie es. Wenn Sie es nicht wollen, weil Sie Konflikte zu viel Kraft und Nerven kosten, dann haben Sie mit dieser Art des Konfliktmanagements eine Option an der Hand, die Beziehungen zu Ihrem Vorgesetzten und Ihren Kollegen mit weniger Reibungsverlust zu gestalten. Eine Toolbox für weniger Frust.

Bevor ich Ihnen das PETA-Modell vorstelle, habe ich folgende Aufgaben für Sie. Schreiben Sie alles, was Ihnen zu den Fragen rechts einfällt, in eine Spalte auf der linken Seite untereinander. Lassen Sie daneben noch Platz für spätere Ergänzungen und Kommentare. Versuchen Sie, neue Adjektive oder Beschreibungen zu finden, anstatt das Gegenteil des positiven Verhaltens durch das Wort »nicht« zu beschreiben (Beispiel: *hektisch* anstelle von *nicht ausgeglichen*).

Fragen zur Selbstreflexion

Welche Verhaltensweisen erleben Sie bei anderen Menschen als angenehm und förderlich?

Welche Verhaltensweisen erleben Sie bei anderen Menschen als schwierig und nervenaufreibend?

Die Beschreibungen, die Sie bei den beiden Aufgaben gesammelt haben, lassen sich nun anhand von zwei Kategorien einordnen.

Bei der ersten Kategorie geht es um die Frage, was bei der Arbeit beziehungsweise im Alltag im Vordergrund steht. Entweder die Sache oder die Aufgabe beziehungsweise das Ergebnis. Oder andere Menschen beziehungsweise die Beziehung zu anderen Menschen.

Bei der zweiten Kategorie handelt es sich um einen »Klassiker« der Persönlichkeitspsychologie, nämlich die Frage, wie ich mich auf meine Umwelt einlasse und mit ihr in Kontakt trete. Entweder extravertiert, das heißt nach außen gewandt, aktiv, gestaltend, kommunikativ. Oder introvertiert, also nach innen gewandt, zurückhaltend, passiv, beobachtend, reflektierend.

Aus diesen beiden Kategorien mit den jeweils zwei Ausprägungen ergibt sich ein Vier-Felder-Schema, dem verschiedene Verhaltenstypen zugeordnet werden können.

PETA-Modell für schwierige Menschen		**Was steht bei der Arbeit/im Alltag im Vordergrund?**	
		Ergebnis	**Mensch/Beziehung**
Interaktion mit der Umwelt	**Extraversion**	**P**ragmatiker	**E**nthusiast
	Introversion	**A**nalytiker	**T**eamplayer

Wenn Sie die Anfangsbuchstaben der vier Typen im Uhrzeigersinn lesen, kommen Sie auf den Namen des Modells PETA.

Typen, die in dem Vier-Felder-Schema benachbart sind, weisen Ähnlichkeiten auf, beispielsweise der Pragmatiker und der Enthusiast. Beide gehen aktiv auf die Umwelt zu und gestalten ihr Umfeld. Oder der Enthusiast und der Teamplayer: Für beide steht die Beziehung zu anderen Menschen im Vordergrund.

Typen, die einander in dem Vier-Felder-Schema diagonal gegenüber stehen, also der Pragmatiker und der Teamplayer sowie der Enthusiast und der Analytiker, sind im Verhalten gegensätzlich. Hier sind Spannungen und Konflikte programmiert, wenn sie die Andersartigkeit des anderen nicht anerkennen und ihr mit Wertschätzung begegnen.

Im weiteren Verlauf dieses Kapitels werden Sie die vier Verhaltenstypen genauer kennenlernen. Dort erfahren Sie, wie andere Menschen diesen Typ sehen, was an ihm schwierig und nervenaufreibend ist. Diese Beschreibungen sollen Ihnen dabei helfen zu verstehen, weshalb Sie bestimmte Menschen als schwierig erleben.

Die »Reinform« der verschiedenen Typen ist im Alltag natürlich so gut wie nie anzutreffen. Jeder Mensch hat Anteile von zwei oder sogar drei Verhaltenstypen und das Verhalten kann je nach Situation, Tagesform und Befinden variieren. Dennoch greifen wir in Konfliktsituationen gerne auf bestimmte Verhaltensmuster zurück, die einem Verhaltenstyp entsprechen.

Um die vier Typen für Sie plastisch und greifbar zu machen, sind die Beschreibungen teilweise übertrieben und pointiert. Auch zeigen nicht alle Typen alle Verhaltensweisen, die aufgeführt sind, sondern nur eine Auswahl davon. Die verschiedenen Beschreibungen sollen Ihnen helfen, ein Gespür für die einzelnen Typen zu entwickeln und weitere Verhaltensweisen, die Ihnen auffallen, zu ergänzen.

Außerdem erkennen Sie, wie Menschen dieses Typs sich selbst beziehungsweise ihr Verhalten einschätzen. Dabei sehen Sie die andere Seite der Medaille. Natürlich werden die »Betroffenen« sich selbst weniger negativ einschätzen, sondern einen Nutzen und Vorteile in ihrem Verhalten sehen. Dieser Perspektivenwechsel ist sehr wichtig, da er das Verhalten des anderen nachvollziehbar macht. Der andere verhält sich nicht mehr auf eine nervenaufreibende Art, um Sie zu ärgern, sondern weil er ein bestimmtes Ziel verfolgt, bestimmte Wertvorstellungen oder Bedürfnisse hat ... Dieser Perspektivenwechsel ist gleichzeitig der Schlüssel zu einem erfolgreichen Konfliktmanagement.

Das Verhalten von Menschen, von denen wir denken, dass sie ähnlich »ticken« wie wir, ist für uns leichter vorhersehbar und damit weniger anstrengend und nervenaufreibend. Menschen, die wir als »schwierig« erleben, spiegeln uns in der Regel Verhaltensweisen, die uns fremd sind und die wir vielleicht sogar ablehnen.

TIPP

Da sich die anderen nicht ändern, damit sie für uns »pflegeleichter« werden, ist es an uns, etwas zu tun. Oftmals lässt sich der Umgang mit den für uns schwierigen Menschen nicht vermeiden oder umgehen. Also bleibt nur der letzte – und schwierigste – Schritt: wir müssen etwas an unserer Einstellung und unserem Verhalten ändern.

Dazu ist es hilfreich – wie bereits oben beschrieben – einen Perspektivenwechsel vorzunehmen und die andere Seite der Medaille anzuschauen: kein Mensch ist *nur* schwierig. Hinter diesen von uns sehr selektiv wahrgenommenen Verhaltensweisen verbergen sich auch positive Seiten und sogar Stärken. Haben Sie sich schon einmal die Mühe gemacht herauszufinden, welche positiven Effekte das für Sie vordergründig nervenaufreibende Verhalten Ihres Kollegen oder Ihres Chefs hat? Wie können Sie sich zukünftig besser auf dieses Verhalten einstellen? Und welche Verhaltensweisen zeigt er oder sie noch – außer den »problematischen«? Wie gesagt: kein Mensch ist nur ...

Fragen zur Selbstreflexion

Weshalb schätzen Sie bestimmte Verhaltensweisen als angenehm und förderlich ein?

Sind es Verhaltensweisen/Eigenschaften, die Ihnen bekannt sind, weil Sie sie selbst auch zeigen/haben?

Oder sind es Verhaltensweisen/Eigenschaften, die Sie gerne hätten?

Weshalb schätzen Sie bestimmte Verhaltensweisen als schwierig und nervenaufreibend ein?

Sind es Verhaltensweisen/Eigenschaften, die Ihnen sehr fremd/ Ihrem eigenen Verhalten entgegengesetzt sind und die Sie deshalb ablehnen?

Oder sind es Verhaltensweisen/Eigenschaften, die Sie auch haben und an sich nicht mögen? Das heißt, Sie bekommen einen Spiegel vorgehalten und lehnen das Spiegelbild ab.

Frustfreier Umgang mit dem Pragmatiker

Für Pragmatiker wie beispielsweise Thomas Schmidt steht die Sache beziehungsweise die Aufgabe im Vordergrund. Die Beziehung zu anderen Menschen und emotionale Befindlichkeiten – eigene und die anderer Menschen – spielen eine untergeordnete Rolle. Auf ihre Umwelt reagieren Pragmatiker aktiv und gestaltend, also extravertiert.

Im Berufsleben sind sie häufig in Führungspositionen oder im Management von Unternehmen und Konzernen anzutreffen. Sie sagen, wo es langgeht und setzen sich dabei oft über die Interessen und Bedürfnisse anderer hinweg.

Pragmatiker erlangen bei den Teilnehmer(innen) meiner Kurse und Seminare zum Thema »Umgang mit schwierigen Menschen« beziehungsweise »Konfliktmanagement« die wenigsten Sympathiepunkte. Ein Grund hierfür liegt in dem dominanten Auftreten dieses Typs, durch das andere sich schnell an die Wand gedrängt fühlen. Ein anderer Grund liegt darin, dass Menschen mit ausgeprägten pragmatischen Zügen nur selten ein Seminar zum Konfliktmanagement besuchen. In ihren Augen sind Konflikte dazu da, um gelöst zu werden, und nicht, um darüber zu reden. Außerdem nehmen sie subjektiv Konflikte selten wahr, das heißt sie bemerken gar nicht, dass sie anderen durch ihr dominantes Auftreten über den Mund fahren oder mit ihrem Verhalten anecken.

Wie er sich sieht ...

Ein Pragmatiker wäre vollkommen überrascht und befremdet, wenn er oder sie das über seine/ihre Wirkung auf andere läse. Schließlich geht es ja um die Arbeit, um die Lösung von Problemen und nicht um irgendwelchen »Psychokram«.

Da für Pragmatiker die Bewältigung von Aufgaben und Sachthemen im Vordergrund steht, ist es für sie wichtig, effektiv und effizient zu handeln. Effektiv heißt, die richtigen Dinge zu tun und sich nicht mit Nebensächlichkeiten oder Detail- und Routineaufgaben zu beschäftigen. Effizient bedeutet, die Dinge mit möglichst wenig Aufwand zu erledigen oder auch Aufgaben zu delegieren. (Das kann auch Personen des privaten Umfeldes umfassen.) Pragmatiker sind Macher, sie haben Weitblick und sind der Motor eines Teams. Pragmatiker sehen in fast allem einen Wettbewerb beziehungsweise einen Konkurrenzkampf, in dem es darum geht, sich zu beweisen und zu zeigen, wer der Bessere ist. Diese Herausforderung wollen sie natürlich gewinnen.

Pragmatiker sind zielorientiert, sie übernehmen das Kommando und die Verantwortung. Sie treffen Entscheidungen und sind Problemlöser. Pragmatiker sehen sich als geborene Führungspersönlichkeiten. Sie sind mutig, spontan und direkt. Ihr Auftreten ist selbstbewusst, kraftvoll und energisch. Sie handeln schnell und konsequent und streben nach Veränderung und Entwicklung. Sie sind risikofreudig und sprechen auch Themen an, die eher unbequem sind. Dass sie dabei anderen auf die Füße treten, merken sie nicht. Pragmatiker streben nach Erfolg und zeigen deshalb auch mehr Einsatzbereitschaft als andere. Sie stellen hohe Erwartungen an die Leistungen und die Kompetenz von anderen, weil sie auch gegenüber sich selbst eher unerbittlich sind.

Wie andere ihn sehen ...

Pragmatiker werden von ihren Mitmenschen vor allem als rechthaberisch, besserwisserisch und arrogant erlebt. Sie lassen sich nichts sagen, setzen sich über die Meinung anderer hinweg, sind rücksichtslos und intolerant und gehen über Leichen.

Im Gespräch hören sie nicht zu oder gehen bisweilen sogar mitten im Satz weg. Insbesondere dann, wenn nach ihrer Meinung alles Wichtige gesagt ist. Sie verwenden gerne sogenannte Killerphrasen, um ihren Gesprächspartner mundtot zu machen und sich durchzusetzen. Sie sind taktlos und direkt, nehmen kein Blatt vor den Mund und neigen zu Übergriffen.

Pragmatiker sind kompromisslos und tendieren dazu, andere zu überfordern. Wenn etwas nicht so läuft, wie sie es wollen, kann es sein, dass sie aggressiv, laut und cholerisch reagieren. Pragmatiker werden schnell ungeduldig und handeln oft vorschnell und unüberlegt. Alles muss zack, zack gehen, Zeit zum Durchschnaufen ist nicht.

Bisweilen sind Pragmatiker Angeber und überschätzen sich selbst. Sie schmücken sich gerne mit fremden Federn und werten andere Menschen ab oder setzen sie unter Druck. Eigene Fehler geben sie nicht oder nur mit viel Zähneknirschen zu. Genauso wenig sind sie der Ansicht, dass sie sich für ihr Verhalten entschuldigen müssen. Wo gehobelt wird, fallen eben Späne ...

Weitere Minuspunkte sammeln sie dadurch, dass sie gerne das letzte Wort haben und egoistisch handeln. Sie sind die Nummer Eins, die keine anderen Platzhirsche neben sich duldet. Adlaten und Helfer dagegen gerne. Sie treffen Entscheidungen, kümmern sich dann aber nicht weiter um deren Umsetzung.

Frage zur Selbstreflexion

Welche Verhaltensweisen kennen Sie noch von Pragmatikern?

Konfliktmanagement mit Pragmatikern

Pragmatiker verspüren einen großen Drang nach Unabhängigkeit und Freiheit. Ihr Alltag – sowohl im Beruf als auch im Privatleben – ist geprägt durch Wettbewerb und den immerwährenden Kampf, die eigenen Leistungen unter Beweis stellen zu müssen. Innehalten mögen sie nicht, es bedeutet für sie verlorene Zeit oder sogar Stillstand.

Sie merken bestimmt – auch aufgrund der vorangegangenen Beschreibungen, Anpacken, Kräftemessen und Kampf sind wichtige Inhalte des Lebens von Pragmatikern. Soziale und emotionale Kompetenzen sind für sie Fremdworte.

Der wichtigste Schritt beim Konfliktmanagement heißt daher: Bewahren Sie Ruhe und lassen Sie sich nicht von der Aggressivität Ihres Gegenübers anstecken. Wenn Sie darauf einsteigen, eskaliert die Situation. Denn nach Meinung des Pragmatikers kann es nur eine Nummer Eins geben und die ist natürlich er beziehungsweise sie. Und der Pragmatiker hat viel Übung darin, Ihnen das zu beweisen!

Außerdem sollten Sie sein Verhalten nicht persönlich nehmen – auch wenn das eine große Herausforderung an Sie darstellt. Er sieht in Ihnen einen Widersacher oder eine Widersacherin, gegen den/die er sich durchsetzen muss, und meint nicht zwingend Sie als Person.

Nach einem cholerischen Wutausbruch ist häufig zu beobachten, dass einige Stunden später oder am folgenden Tag alles wieder beim Alten ist und der Pragmatiker tut, als wenn nichts geschehen wäre. Er musste nach seiner Meinung halt mal Dampf ablassen ... Wie bereits gesagt: Wo gehobelt wird, fallen Späne.

Das heißt aber nicht, dass Sie dieses aggressive und dominante Verhalten hinnehmen müssen. Pragmatiker erhalten selten eine Rückmeldung, wie ihr Verhalten bei anderen ankommt. Die meisten Menschen reagieren darauf eher mit Resignation und Rückzug. Eine wirksamere Strategie, die allerdings einigen Mut erfordert, ist es, dem anderen verbal Grenzen zu setzen. Sagen Sie ihm, wie es Ihnen in dieser Situation geht und dass Sie so nicht mit sich reden lassen. Beenden Sie das Gespräch und verlassen Sie dann den Raum. Achten Sie darauf, dass Sie selbstbewusst auftreten, mit fester Stimme sprechen und Blickkontakt halten. Blickkontakt löst in dieser Situation Beißhemmung aus, das heißt der andere wird Sie nicht weiter angreifen.

Das Gespräch kann auch zu einem späteren Zeitpunkt fortgesetzt werden, wenn sich die Wogen wieder geglättet haben. Wichtig ist, dass Sie mit dem Pragmatiker nicht über die Sache selbst streiten, sondern auf die Meta-Ebene gehen. Also ihm sagen, wie sein Verhalten bei Ihnen ankommt. Diese Reaktion Ihrerseits wird für den Pragmatiker vollkommen überraschend und neu sein. Und Sie wird Ihnen Respekt verschaffen.

Allerdings stellt dieses Vorgehen Ihrerseits eine große Herausforderung dar. Von daher ist es hilfreich, diese Situation vorher in Gedanken und vor dem Spiegel durchzuspielen und sich bereits entsprechende Formulierungen zurechtzulegen.

Neben der Bewältigung von Konflikten ist es auch sinnvoll, diesen vorzubeugen. Zur Prävention von Konflikten bieten sich bei Pragmatikern folgende Strategien an:

- Pragmatiker verspielen besonders schnell ihre Sympathiewerte. Es ist oft schwer, ihre positiven Seiten wahrzunehmen, doch für ein erfolgreiches Konfliktmanagement gerade mit diesem Typ unumgänglich. Besinnen Sie sich also auf die Kehrseite der Medaille.
- Erkennen Sie seine beziehungsweise ihre Stärken an und begegnen Sie dem Pragmatiker mit ernst gemeinter Wertschätzung. Lassen Sie ihn entscheiden, Probleme lösen, machen …
- Melden Sie sich zu Wort und sagen Sie Ihre Meinung. Kurz und bündig. Als Sparringspartner, nicht als Konkurrent.
- Bereiten Sie sich gut auf Gespräche vor. Überlegen Sie sich, welches Ziel Sie erreichen wollen, und achten Sie auf Effizienz und Effektivität.
- Gehen Sie lösungsorientiert, rational und sachlich vor. Der Schwerpunkt sollte nicht auf sozialen und emotionalen Aspekten liegen.
- Zeigen Sie dem Pragmatiker Möglichkeiten auf, welche Vorteile ein Vorgehen für ihn/sie hat, wie er oder sie glänzen kann.

- Kommunizieren Sie in Ich-Botschaften. Damit setzen Sie dem starken Ego des Pragmatikers etwas entgegen. Mit Ich-Botschaften dürfen Sie auch Wünsche äußern. Mit etwas Glück werden Sie sogar erhört.
- Bleiben Sie am Ball. Da Pragmatiker oft schlechte Zuhörer und ungeduldig sind, kann es sein, dass sie Ihr Anliegen gar nicht mitbekommen haben.

Wenn Ihnen selbst pragmatische Verhaltensweisen nicht ganz fremd sind, kann sich daraus in Ihrer Rolle als Chef oder Kollege beziehungsweise Kollegin einiges Konfliktpotenzial ergeben. Um dieses zu minimieren hier ein paar Tipps für Sie:

- Nehmen Sie sich von Zeit zu Zeit zurück und lassen Sie auch andere Sichtweisen neben Ihrer eigenen zu. Lassen Sie andere zu Wort kommen und hören Sie ihnen zu. Bis sie zu Ende gesprochen haben – nicht bis Sie meinen, dass Sie alles Wichtige gehört haben.
- Drosseln Sie gelegentlich Ihr Tempo. Es besteht sonst die Gefahr, dass Sie Ihre Kollegen überrollen und überfordern. Ihr Leistungsmaßstab ist nicht immer das Maß aller Dinge.
- Nicht nur Ergebnisse sind wichtig, sondern auch die Entwicklung der Ergebnisse. Insbesondere dann, wenn Sie das Commitment, also die Zustimmung, Ihrer Kollegen brauchen.
- Loben Sie Ihre Kollegen – oder auch Ihren Chef – und sprechen Sie ihnen von Zeit zu Zeit Anerkennung für die gute Zusammenarbeit aus. Auch wenn sie dafür bezahlt werden zu arbeiten, tun Wertschätzung und Anerkennung Wunder. Und Sie freuen sich doch auch über Worte der Anerkennung, oder nicht?

- Wenn Ihre Mitarbeiter gute Leistungen erbracht haben, dann vertreten Sie das auch nach außen hin. Wenn Sie sich ständig mit fremden Federn schmücken, fällt das irgendwann auf Sie zurück.
- Lassen Sie auch mal Gefühle zu – Ihre eigenen und die Ihrer Kollegen. Versuchen Sie, sich in Ihre Kollegen oder Ihren Chef hineinzuversetzen. Wie geht es ihnen mit Ihnen als Mitarbeiter(in)? Empathie und soziale Verantwortung heißen die Zauberworte. Sie sind Menschen und keine Arbeitsmaschinen. Das heißt ja nicht, dass Sie es gleich übertreiben müssen und in eine Gefühlsduselei verfallen.

Frustfreier Umgang mit dem Enthusiasten

Ein typisches Beispiel für einen Enthusiastin ist Wiebke Neumeier. Für sie steht die Beziehung zu anderen Menschen bei der Arbeit im Vordergrund, die Ergebnisse der Arbeit spielen eine untergeordnete Rolle. Ihrer Umgebung begegnet Wiebke Neumeier gestaltend und aktiv, ihr Verhalten ist extravertiert.

Enthusiasten sind ausgezeichnete Netzwerker, sie kennen »Gott und die Welt« und bringen von jeder Dienstreise oder jedem Treffen einen ganzen Schwung von neuen Visitenkarten und Kontakten mit. Sie sind angenehme und unterhaltsame Gesprächspartner, sie sprühen vor Charme und Begeisterung.

Das Thema Konfliktmanagement ist für sie eher zweitrangig. Zum einen merken sie nicht, wenn sie mit ihrer unverbindlichen Art andere vor den Kopf stoßen, Zusagen nicht einhalten oder sich abwenden, weil sie kein Interesse mehr haben. Zum anderen haben sie die Tendenz, sich selbst zurückzuziehen, wenn es ihnen zu heikel oder anstrengend wird. Frei nach dem Motto: »Das Leben ist zu kurz, um sich Stress und Unannehmlichkeiten auszusetzen, wo es doch so viele schöne Dinge im Leben gibt.«

Wie er sich sieht ...

Der Enthusiast wäre natürlich entsetzt, wenn er die Beschreibungen im vorangegangenen Absatz lesen würde. Er sieht sich als Visionär und Freidenker, als Individualist und Querdenker.

Er liebt Freiheit und Unabhängigkeit, ist in seinem Denken und Handeln flexibel und unkonventionell. Der Enthusiast beschreibt sich als kreativ, begeisterungsfähig und optimistisch. Er ist humorvoll, charmant und kommt schnell mit anderen Menschen in Kontakt.

Er geht energiegeladen an neue Themen und Herausforderungen heran und sieht sich als Meister der Effizienz: mit 20 Prozent Aufwand erledigt er 80 Prozent der Aufgaben, den Rest gibt er gerne an andere ab. Das ist doch auch nicht so schlimm, oder? Dabei zahlt sich sein großes Netzwerk aus: Es gibt immer Menschen, die gerne für oder mit ihm arbeiten. Das weiß er aus Erfahrung.

Wie andere ihn sehen ...

Enthusiasten werden von anderen häufig als launisch, sprunghaft und unzuverlässig wahrgenommen. Sie sind schnell mit Feuer und Flamme dabei, die Leidenschaft kann aber auch genauso schnell wieder erlöschen. Im Alltagsgeschäft sind sie eher ungeduldig, undiszipliniert, chaotisch und ziellos. Termine halten sie selten ein, sie kommen entweder unpünktlich oder unter Umständen gar nicht. Das ist keine böse Absicht, sondern liegt an dem fehlenden Zeitmanagement. Sie tanzen auf vielen Hochzeiten gleichzeitig und dabei kann man eben mal in Verzug kommen. Aufgaben erledigen sie eher oberflächlich und fehlerbehaftet. Sie sind immer auf dem Sprung zur nächsten Herausforderung.

Enthusiasten brauchen andere Menschen als Publikum. Für sie ist das Leben eine Bühne und die anderen sind die Claqueure, die den Beifall spenden dürfen. Deshalb ist ihr Verhalten auch bisweilen sehr theatralisch. Sie mögen die große Inszenierung und das große Drama. Sobald andere Menschen jedoch eine tiefer gehende Beziehung wünschen oder auf ein Geben und Nehmen pochen, kann es sein, dass der Enthusiast das Interesse verliert und sich abwendet. In diesem Zusammenhang sind auch die manipulativen Verhaltensweisen des Enthusiasten zu verstehen: Er sprüht vor Charme und wickelt andere so lange um den Finger, bis sie nach seiner oder ihrer Pfeife tanzen.

In Bezug auf ihre fachlichen Kompetenzen oder ihre Einflussmöglichkeiten kann es sein, dass Enthusiasten sich leicht überschätzen und früher oder später als »Mogelpackung« entlarvt werden. Insbesondere dann, wenn sie nicht halten, was sie vollmundig versprechen.

Frage zur Selbstreflexion

Welche Verhaltensweisen kennen Sie noch von Enthusiasten?

Konfliktmanagement mit Enthusiasten

Die Beziehung zu beziehungsweise das Konfliktmanagement mit Menschen, die ausgeprägte enthusiastische Verhaltensweisen zeigen, gestaltet sich als schwierig. Konflikte nehmen sie nicht wahr oder verdrängen sie. Sobald jemand etwas von ihnen fordert und nicht mehr als Beifallgeber zur Verfügung steht, besteht die Gefahr, dass sie sich abwenden und zurückziehen. Enthusiasten sind außerdem nicht besonders konfliktfähig, das heißt, sie sehen sachlich begründete Kritik schnell als persönlichen Angriff und Beleidigung. Natürlich haben Sie ein berechtigtes Interesse, gehört zu werden und auf eine Lösung des Konfliktes zu drängen. Denn auch sie haben Interessen und Bedürfnisse.

- Schaffen Sie – wenn möglich – eine angenehme Gesprächsatmosphäre. Machen Sie dem Enthusiasten zuerst klar, wie sehr Sie seine Stärken schätzen. Sprechen Sie dann kritische Punkte und Verhaltensweisen sachlich an. Fragen Sie, wie eine Lösung des Problems aus seiner beziehungsweise ihrer Sicht aussehen kann.
- Vermeiden Sie Schuldzuweisungen und Vorwürfe. Sie sind für eine Konfliktlösung nie hilfreich, wie Sie im vorangegangenen Kapitel erfahren haben. Bei Enthusiasten sind sie besonders kontraproduktiv.
- Sagen Sie ihm, was Sie sich konkret von ihm oder ihr wünschen. Sprechen Sie nächste Schritte ab. Wichtig ist dabei, dass Sie eine gute Balance zwischen Verbindlichkeit und Druck beziehungsweise Kontrolle finden. Wenn Sie zu viel Kontrolle ausüben, wird Ihnen der Enthusiast entwischen und sich auf für ihn angenehmere Themen konzentrieren.

- Auch hier gilt – ähnlich wie beim Pragmatiker: Zeigen Sie dem Enthusiasten Möglichkeiten auf, welche Vorteile ein Vorgehen für ihn/sie hat, wie er oder sie glänzen kann.
- Bereiten Sie sich gut auf das Gespräch vor und bringen Sie Ihre Anliegen auf den Punkt. Es besteht sonst die Gefahr, dass der Enthusiast schnell das Interesse am Gespräch verliert – insbesondere wenn es um ihm unangenehme Themen geht. Untermauern Sie Ihre Ausführungen mit konkreten Beispielen.
- Auch bei ihm ist es wichtig, dass Sie am Ball bleiben. Steter Tropfen höhlt den Stein – sonst bleiben Ihre Anliegen ungehört.
- Halten Sie wichtige Punkte des Gesprächs schriftlich in einem gemeinsamem Protokoll fest. Ansonsten besteht die Gefahr, dass der Enthusiast sich mit einigem zeitlichen Abstand nicht mehr an die Vereinbarungen erinnert oder Ihnen das Wort im Mund herumdreht. Das geschieht nicht aus böser Absicht, sondern ist eher seiner Unverbindlichkeit und seinem manipulativen Verhalten geschuldet.
- Achten Sie – wenn möglich – auf einen positiven Gesprächsabschluss. Äußern Sie Ihre Zuversicht, dass sich Ihre Zusammenarbeit zukünftig wieder positiv gestalten wird, wenn Ihnen beiden daran gelegen ist und Sie sich beide darum bemühen.

Wenn Sie ein enthusiastischer Vorgesetzter oder Kollege sind, ist es für Sie ein Leichtes, Ihr Team und Ihre anderen Kollegen für Ihre Ideen zu begeistern. Dennoch gibt es ein paar Stolpersteine, die Sie berücksichtigen und möglichst beseitigen sollten:

Überfordern Sie Ihre Mitarbeiter nicht mit Ihren Ideen. Nicht alle sind so offen für Veränderungen und Neuerungen wie Sie. Erläutern Sie, wo Veränderungen sinnvoll und notwendig sind. Und bedenken Sie: Nicht alles, was neu ist, ist deshalb auch besser – manchmal ist es nur anders.

Es besteht die Gefahr, dass einige Ihrer Mitarbeiter oder Kollegen – insbesondere Teamplayer und Analytiker – Ihre neue Ideen direkt als Arbeitsaufträge auffassen und sofort an deren Umsetzung arbeiten. Machen Sie ihnen klar, wann Sie »ins Unreine denken«. Formulieren Sie Arbeitsaufträge möglichst klar als solche und delegieren Sie sie dann.

Fragen Sie Ihre Mitmenschen nach ihren Meinungen, Ideen und Bedenken. Üben Sie Widerstand auszuhalten, wenn Sie nicht sofort auf Begeisterung stoßen. Für die Umsetzung Ihrer Ideen und Visionen ist das oft ein wertvoller Realitätscheck.

Suchen Sie sich zuverlässige Mitarbeiter – einen persönlichen Assistenten oder eine persönliche Assistentin, die Ihnen Aufgaben der Dokumentation, Organisation und Kontrolle des Alltagsgeschäfts abnehmen. Vergessen Sie jedoch nicht, sie regelmäßig über Ihre aktuellen Aktivitäten und Themen zu informieren.

Frustfreier Umgang mit dem Teamplayer

Teamplayer wie Max Oberndorf machen ihrem Namen alle Ehre, sie können gut mit anderen Menschen zusammenarbeiten. Die Beziehung zu anderen Menschen steht für sie im Vordergrund, nicht so sehr die Arbeit selbst, ihrer Umgebung begegnen Teamplayer eher zurückhaltend. Für sie ist ein harmonisches Arbeitsumfeld wichtig, möglichst frei von Spannungen und Wettbewerb. Der Teamplayer braucht motivierte und sozial kompetente Kollegen. Zur Erhaltung der guten Atmosphäre trägt er Einiges bei: Er hat einen Blick für die Bedürfnisse und Anliegen seiner Kollegen, ist aufmerksam und zuvorkommend. Er sorgt für das leibliche und seelische Wohl, indem er beispielsweise Kuchen zu einer Besprechung mitbringt oder an den Geburtstag der Kollegen denkt. Der Teamplayer ist die gute Seele der Abteilung und zu allen freundlich und nett. Er sorgt für den Zusammenhalt des Teams.

Der Teamplayer hat gerne sein fest abgestecktes Arbeitsgebiet und arbeitet eine Aufgabe nach der anderen ab. Er hat ein gutes Gespür für den zeitlichen Aufwand von Tätigkeiten und kann gut organisieren. Er sorgt dafür, dass die wichtigen und notwendigen Aufgaben erledigt werden.

Teamplayer erlangen in meinen Trainings und Seminaren in der Regel die größten Sympathiewerte – und zwar unabhängig vom beruflichen Hintergrund der Teilnehmerinnen und Teilnehmer.

Das Thema Konfliktmanagement ist für Teamplayer heikel. Sie haben ein gutes Gespür für Spannungen und Missstimmungen, sprechen diese aber nicht unbedingt an, um die gute Atmosphäre im Team und die Harmonie nicht zu gefährden. Es besteht die große Gefahr, dass sie Konflikte eher unter den Teppich kehren als diese offensiv anzugehen.

Wie er sich sieht ...

Bei Teamplayern besteht die Gefahr, dass sie auf der einen Seite ihre Leistungen relativieren – »Ich mache doch nur meine Arbeit/was von mir erwartet wird« – auf der anderen Seite aber nachtragend werden, wenn ihre Beiträge nicht entsprechend gewürdigt werden. Teamplayer sehen sich selbst als positive und freundliche Menschen. Sie arbeiten gerne mit anderen Menschen zusammen. Sie interessieren sich für die Bedürfnisse und Anliegen ihrer Kollegen und Chefs, sie können gut zuhören und sind geduldig, wenn es beispielsweise um die Einarbeitung eines neuen Kollegen geht. Teamplayer sind großzügig und unterstützen gerne andere. Dabei sollte allerdings die Balance aus Geben und Nehmen gehalten werden. Sie machen anderen gerne eine Freude: durch eine Geburtstagskarte, ein Kompliment, ein kleines Geschenk. Sie genießen es, wenn andere sich ihnen anvertrauen und sie den Kollegen mit guten Tipps und Ratschlägen zur Seite stehen können.

Wie andere ihn sehen ...

Teamplayer werden von anderen gerne als Ja-Sager und als unterwürfig gesehen. Da ihnen die Harmonie in einem Team oder einer Abteilung sehr wichtig ist, ordnen sie ihre eigenen Interessen denen anderer unter und wirken aufgrund ihres konfliktvermeidenden Verhaltens opportunistisch. Sie lassen sich leicht ausnutzen und von anderen unliebsame Aufgaben aufs Auge drücken. Teamplayer sehen in Veränderungen eine Bedrohung der gewohnten Routine, weshalb sie auf andere eher unflexibel und träge wirken. Wieso soll man schließlich etwas verändern, was sich bewährt hat und gut funktioniert? Hektik und spontane Meinungsänderungen von Vorgesetzten sind ihnen ein Dorn im Auge.

Teamplayer sind fleißig und loyal, sie erledigen die ihnen aufgetragenen Aufgaben zuverlässig und korrekt. Dafür brauchen sie allerdings auch viel Anerkennung. Wenn ihr Arbeitseinsatz als selbstverständlich hingenommen und nicht entsprechend gewürdigt wird, dann kippt das freundliche Verhalten von Teamplayern: Sie sind beleidigt und werden nachtragend. Möglicherweise entleeren sie auch einen Kübel an aufgestauten Kränkungen und Verletzungen über der Person aus, die ihre Treue und ihr Engagement nicht genügend wertgeschätzt hat. Der Wechsel von Freundlichkeit zu Beleidigtsein kann unter Umständen sehr plötzlich erfolgen, da man als Außenstehender wenig Anhaltspunkte hat, wann das Maß voll ist.

Teamplayer kommen aufgrund ihrer freundlichen Ausstrahlung mit den meisten Menschen in ihrem beruflichen Umfeld gut klar, was aber nicht unbedingt daran liegt, dass sie beliebt sind, sondern daran, dass sie den anderen keine Angriffsfläche bieten. Dadurch besteht die Gefahr, dass sie auf andere eher farblos und langweilig wirken.

Frage zur Selbstreflexion

Welche Verhaltensweisen kennen Sie noch von Teamplayern?

Konfliktmanagement mit Teamplayern

Bei Teamplayern dürfen Sie nicht unbedingt damit rechnen, dass sie einen Konflikt von sich aus ansprechen. Sie fressen Kränkungen und Verletzungen eher in sich hinein, als sich zur Wehr zu setzen und diese offensiv anzugehen. Konflikte und Spannungen werden verdrängt und unter den Teppich gekehrt – »Das ist ja nicht so schlimm« – um die gute Arbeitsatmosphäre nicht zu gefährden. Dass diese ungelösten Konflikte dennoch ein starke destruktive Energie besitzen, die sich jederzeit entladen kann, wird dabei ebenfalls verdrängt.

Beim Konfliktmanagement mit Teamplayern sind folgende Punkte zu beachten:

- Teamplayer sprechen Spannungen und Konflikte von sich aus nicht offen an. Achten Sie deshalb auf versteckte Signale, die darauf hinweisen, dass etwas schiefläuft. Es kann sein, dass sich Ihr Kollege oder Ihr Vorgesetzter zurückzieht und Gesprächen mit Ihnen ausweicht. Fragen Sie nach, wie zufrieden er oder sie mit der Zusammenarbeit ist oder ob es Schwierigkeiten gibt. Lassen Sie sich nicht mit Ausflüchten oder ausweichenden Antworten abspeisen, sondern äußern Sie Ihren Eindruck in Ich-Botschaften.
- Ermutigen Sie Ihren Kollegen, Bedenken offen anzusprechen, und versichern Sie, dass solche Äußerungen keine negativen Auswirkungen auf Ihr Arbeitsverhältnis haben, sondern im Gegenteil zu einer konstruktiven Gestaltung der Beziehung beitragen. Konflikte anzusprechen ist nicht ein Zeichen von Schwäche, sondern von persönlicher Stärke und Souveränität.
- Zollen Sie Ihrem Kollegen Wertschätzung und Anerkennung für seine oder ihre Zuverlässigkeit und Loyalität.

- Begegnen Sie dem Teamplayer mit Freundlichkeit und verpacken Sie Kritik konstruktiv. Sprechen Sie also zuerst Punkte an, die gut laufen, und nennen Sie dann die Verhaltensweisen, bei denen Sie sich eine Veränderung wünschen. Fragen Sie ihn oder sie nach seiner/ihrer Sichtweise – Sie erinnern sich an das SAG-ES-Prinzip aus dem vorangegangenen Kapitel? Es ist hier besonders zu empfehlen.
- Führen Sie Veränderungen schrittweise ein und werfen Sie eingespielte Prozesse nicht überstürzt über den Haufen. Nennen Sie die Vorteile von den bisher etablierten Vorgehensweisen und führen Sie dann anschließend einzelne Schwachpunkte an. Beziehen Sie den Teamplayer in die Entwicklung von Alternativen ein. Je mehr er oder sie eingebunden ist, desto eher kann er/sie sich auf Veränderungen einstellen und einlassen.
- Geben Sie dem Teamplayer Zeit, sich auf das Gespräch mit Ihnen vorzubereiten. Überfallen Sie ihn nicht zwischen Tür und Angel, sondern vereinbaren Sie im Idealfall einen Termin und sorgen Sie für eine angenehme Gesprächsatmosphäre. Hilfreich kann es hier sein, das Gespräch in einem neutralen, beispielsweise einem Besprechungszimmer, oder einem dem Teamplayer vertrauten Umfeld, zum Beispiel dem eigenen Büro, zu führen und nicht in Ihrem Büro, das unter Umständen als die »Höhle des Löwen« wahrgenommen wird.

Wenn Sie sich in den Beschreibungen des Teamplayers wiedererkennen, habe ich hier auch ein paar Empfehlungen für Sie.

Manchmal merken Sie vielleicht, dass Ihnen eine Verhaltensweise Ihres Kollegen oder Ihrer Vorgesetzten gegen den Strich geht. Vertrauen Sie Ihrem Bauchgefühl und Ihrer Intuition und sprechen Sie Ihren Eindruck zeitnah an. Zeitnah muss nicht heißen, dass Sie das sofort und in der Situation tun. Zeitnah kann auch heißen, dass Sie erst einmal über die ganze Sache schlafen und es am folgenden Tag ansprechen. Wichtig ist, dass Ihr Gesprächspartner die Situation und sein Verhalten noch in Erinnerung hat.

Sprechen Sie Ihre Empfindungen sachlich an. Auch hier ist das SAG-ES-Prinzip hilfreich. Je früher Sie Missstimmungen ansprechen, desto besser. Dann lässt sich nach meiner Erfahrung eine Eskalation verhindern und die positive Energie von Konflikten konstruktiv nutzen. Oft handelt es sich auch um Missverständnisse, die sich leicht klären lassen.

Stellen Sie realistische Ansprüche an das Ausmaß an Wertschätzung und Anerkennung, dass Sie von Ihren Kollegen oder Ihrem Vorgesetzten erwarten. Im Arbeitsumfeld geht es nicht um die Befriedigung des Bedürfnisses nach Liebe – dafür sind die Menschen in Ihrem privaten Umfeld da. Wenn Sie zu wenig Feedback zu Ihrer Arbeit und Ihren Leistungen bekommen, dann bitten Sie Ihren Chef gezielt darum. Möglicherweise vergisst er einfach nur, Sie zu loben, weil es im Tagesgeschäft untergeht oder er davon ausgeht, dass gute Leistungen selbstverständlich sind. Manche Chefs handeln schlichtweg nach dem Motto »Nicht gemeckert ist schon genug gelobt.«

Nehmen Sie nicht alle Äußerungen oder Kritik direkt persönlich. Nicht jeder Ihrer Mitmenschen verfügt über das diplomatische Geschick und Feingefühl wie Sie. Wenn Sie überwiegend mit Pragmatikern oder Enthusiasten zu tun haben, kann es schon mal sein, dass der Umgangston etwas rauer oder temperamentvoller ist. Das hat jedoch nicht unbedingt etwas mit Ihnen zu tun, ziehen Sie sich also bitte nicht jeden Schuh an, der gerade herumsteht. Vielleicht sind Sie einfach nur zur falschen Zeit an der falschen Stelle. Im Zweifelsfall fragen Sie nach, wie der andere etwas meint.

Ihre Kollegen oder Ihr Vorgesetzter können besser damit umgehen, wenn Sie Ihren Eindruck, dass etwas schiefläuft, zeitnah ansprechen. Damit geben Sie ihnen die Chance, das eigene Verhalten zu hinterfragen und zu ändern. Wenn Sie Spannungen über eine längere Zeit hinnehmen, basteln Sie an einer Zeitbombe, die früher oder später explodiert. Mit solchen emotionalen Ausbrüchen können Ihre Mitmenschen schlecht umgehen, weil sie sie von Ihnen einfach nicht gewohnt sind und nicht damit rechnen. Das führt dann zu negativen Auswirkungen auf der Beziehungsebene, die Sie ja eigentlich vermeiden wollen. Also: Wehret den Anfängen!

Frustfreier Umgang mit dem Analytiker

Martin Weber ist ein typischer Vertreter des Analytikers. Für ihn stehen die Arbeit und Ergebnisse im Vordergrund, er trennt klar zwischen Arbeit und Privatleben – nach dem Motto »Dienst ist Dienst und Schnaps ist Schnaps«. Fragen nach seinem Privatleben, beispielsweise wie er sein Wochenende verbracht hat, wird er eher knapp beantworten. Das hängt zusätzlich damit zusammen, dass er seiner Umgebung eher zurückhaltend begegnet.

Analytiker arbeiten lieber alleine und ungestört. Sie gehen analytisch und logisch vor, für sie spielen Qualität und Qualitätssicherung eine wichtige Rolle.

Ähnlich wie Teamplayer stehen sie Veränderungen eher skeptisch bis ablehnend gegenüber. Wozu soll man etwas verändern, was sich bewährt hat und gut läuft? Und vor allem, wer sagt, dass es nach den Veränderungen besser läuft? Und das genau ist der Kern des Problems: Analytiker sind sehr kritisch und hinterfragen (fast) alles. Dieses Verhalten wird von Kollegen oder Vorgesetzten leicht als Nörgelei aufgefasst und stößt auf wenig Gegenliebe. Hier versteckt sich auch einiges Konfliktpotenzial im Umgang mit Analytikern. Sie selbst nehmen dieses Konfliktpotenzial unter Umständen gar nicht wahr, denn sie »erledigen ja nur ihre Arbeit«. Spannungen und Konflikte gehören für sie nicht an den Arbeitsplatz – dort wird man schließlich fürs Arbeiten bezahlt – sondern, wenn überhaupt, dann ins Privatleben. Vor dem Hintergrund dieser verbreiteten Einstellung gestaltet sich der Umgang mit Konflikten mit Analytikern bisweilen schwierig. Doch dazu später mehr.

Wie er sich sieht ...

Der Analytiker sieht sich als gründlich, zuverlässig und fleißig. Er oder sie erledigt Arbeitsaufträge mit höchster Qualität und Disziplin. Dass das natürlich einen gewissen Zeitaufwand erfordert, weiß er auch, aber das gehört nun mal dazu. Dafür ist er auch gerne bereit, länger zu arbeiten. Er sieht es als eine wichtige Aufgabe an, Sachverhalte zu hinterfragen und auf den Prüfstand zu stellen. Dass andere diese Sorgfalt und Genauigkeit nicht an den Tag legen, ist für ihn bisweilen schwer nachvollziehbar. Schließlich geht es ja um gute Arbeitsergebnisse.

Analytiker arbeiten lieber alleine. Dann haben sie ihre Ruhe und können ihr Arbeitstempo selbst bestimmen. Den Austausch mit anderen finden sie eher anstrengend und manchmal sogar unproduktiv – insbesondere wenn es um Small Talk geht.

Wie andere ihn sehen ...

Analytiker werden von anderen gerne als pedantisch und stur gesehen. Sie müssen immer wieder ihre Bedenken äußern und Dinge kritisch hinterfragen. Das kostet in Arbeitsabläufen viel Zeit und wirkt auf andere kleinkariert und bremsend. Hinzu kommt noch das Perfektionsstreben des Analytikers: Eine Aufgabe hundertprozentig zu erledigen reicht nicht aus, wenn er oder sie noch weitere Ansatzpunkte für Verbesserungen sieht. Analytiker haben von daher schnell einen Ruf als Erbsenzähler oder Korinthenkacker weg. Das hat natürlich Auswirkungen auf das Zeitmanagement: das Arbeitstempo von Analytikern ist sowieso nicht das höchste, da sie Fehler auf alle Fälle vermeiden möchten. Zusätzlich neigen sie durch die Suche nach der optimalen Lösung dazu, sich zu verzetteln. Kollegen und Vorgesetzte bringt das leicht auf die Palme: es behindert sie in ihrer eigenen Arbeit, wenn sie auf die Zuarbeit eines Analytikers angewiesen sind. Außerdem wirken Analytiker in der Zusammenarbeit eher freud- und humorlos und misstrauisch und fallen damit nicht gerade in die Gruppe der »Lieblingskollegen«. Außer man gehört selbst zu dieser Gruppe.

Wenn ein Analytiker den Eindruck hat, dass seine Bedenken und kritischen Anmerkungen von seinen Kollegen oder seinem Chef nicht angemessen wahrgenommen und gewürdigt werden, dann kann es passieren, dass diese eine ganz andere als die bisher eher distanzierte und emotional unterkühlte Seite des Analytikers kennenlernen: Er ist auf einmal gekränkt, wird nachtragend und unter Umständen sogar rachsüchtig.

Frage zur Selbstreflexion

Welche Verhaltensweisen kennen Sie noch von Analytikern?

Konfliktmanagement mit Analytikern

Der Umgang mit Konflikten mit Analytikern erweist sich als eher schwierig. Es kann passieren, dass sie Spannungen und Konflikte im Arbeitsumfeld nicht wahrnehmen oder verdrängen, da für sie die Arbeit im Vordergrund steht und nicht »weiche« Faktoren wie die zwischenmenschlichen Beziehungen mit ihren Kollegen oder Vorgesetzten. Hinzu kommt, dass sie ihr eigenes Verhalten, insbesondere ihren Perfektionismus, nur bedingt reflektieren und es von daher nicht als Auslöser für Konflikte ansehen.

Beim Konfliktmanagement mit Analytikern sind folgende Punkte zu beachten:

- Bereiten Sie sich gut auf das klärende Gespräch mit dem Analytiker vor. Überlegen Sie sich sachliche Argumente und konkrete Verhaltensweisen, die Sie ansprechen wollen.
- Bei Konfliktgesprächen mit Analytikern ist der Rahmen besonders wichtig: Geben Sie ihm die Möglichkeit, sich auf das Gespräch vorzubereiten. Vereinbaren Sie einen Termin an einem Ort, an dem

Sie ungestört miteinander reden können. Analytiker mögen es nicht, überfallen zu werden – zumal wenn es um heikle »weiche« Themen geht. Planen Sie genügend Zeit für das Gespräch ein, damit er auch zu Wort kommen kann.

- Vermeiden Sie nach Möglichkeit emotional geladene Äußerungen. Wenn Sie selbst in Rage sind, dann lassen Sie vor dem Gespräch erst einmal »Dampf« ab. Es wird Ihnen sonst nicht gelingen, den Analytiker zu erreichen, da er seinen eigenen Gefühlen eher distanziert gegenübersteht und rational begegnet.
- Bei Analytikern besteht besonders leicht die Gefahr, dass sie die Kritik persönlich nehmen und beleidigt darauf reagieren. Falls er anfängt, sich für sein Vorgehen zu rechtfertigen, sagen Sie ihm, dass es Ihnen nicht um Schuldzuweisungen geht, sondern darum, zukünftig besser zusammenzuarbeiten. Fragen Sie ihn, wo er selbst Ansatzpunkte für Verbesserungen sieht.
- Sagen Sie dem Analytiker, dass Sie ihn als kritischen Gesprächspartner schätzen, und würdigen Sie seine Bedenken und seine hohen Qualitätsansprüche. Machen Sie ihm jedoch auch an konkreten Beispielen klar, wo weniger mehr ist oder sogar ein achtzig- bis neunzigprozentiges Arbeitsergebnis zunächst ausreicht.
- Es ist hilfreich, wenn Sie sich regelmäßig mit dem Analytiker austauschen, damit Sie wissen, wie es mit seiner Zeitplanung und seinem Arbeitsfortschritt aussieht. So können Sie am ehesten verhindern, dass er sich in seinem Perfektionsstreben verzettelt und Sie zu einem späteren Zeitpunkt auf seinen Input warten müssen.

- Analytiker stehen Veränderungen eher zurückhaltend bis ablehnend gegenüber. Bereiten Sie Veränderungen deshalb in kleinen Schritten vor und zählen Sie auf, was beim Alten bleiben wird. Machen Sie ihm Veränderungen schmackhaft, indem Sie zukünftige Vorteile und Nutzen für ihn anführen. Fragen Sie ihn nach seiner Einschätzung dazu – und rechnen Sie mit kritischen Anmerkungen!

Wenn Sie sich in den Beschreibungen des Analytikers wiedererkannt haben, habe ich an dieser Stelle ein paar Tipps für Sie, wie Sie die Zusammenarbeit mit Ihren Kollegen und Vorgesetzten zukünftig konstruktiver gestalten können: Nicht alle Menschen in Ihrem beruflichen Umfeld teilen Ihre hohen Qualitätsansprüche. Wo können Sie sich vorstellen, mal kleine Abstriche zu machen, ohne dass Sie befürchten, dass Ihre ganze Arbeit leidet? Wo reichen statt 150 Prozent vielleicht auch »nur« 100 Prozent?

Das Problem am Perfektionismus ist, dass Sie nie die endgültig beste Lösung finden werden. Sie werden immer weitere Verbesserungsmöglichkeiten sehen. Das kann dazu führen, dass Sie sich in Ihrer Arbeit verzetteln, unter Termindruck geraten oder Arbeiten erledigen, die kurze Zeit später wieder verworfen werden, weil sich die Rahmenbedingungen geändert haben. Dann war alle Mühe vergebens. Um dies zu vermeiden, ist es hilfreich, wenn Sie zunächst Teilergebnisse erstellen und dann wieder das Gespräch mit Ihren Kollegen suchen. Außerdem empfehle ich Ihnen, sich einen realistischen – keinen perfektionistischen – zeitlichen Rahmen zu stecken, in dem Sie eine bestimmte Aufgabe bearbeiten wollen. Wenn diese Zeit abgelaufen ist, heißt es – und das ist die größte Herausforderung – loslassen. Ich vermute, dass Sie bis zu diesem Punkt bereits ein sehr gutes Ergebnis geliefert haben – auch wenn es vielleicht noch nicht ganz Ihren Qualitätsansprüchen genügt. Die Frage ist: Welche Konsequenzen hat diese »Qualitätslücke« im schlimmsten Fall?

Es ist Ihnen wichtig, für Ihre Bedenken und Kritik Gehör zu finden. Ihre Kollegen und Vorgesetzten schätzen Sie umso mehr als anspruchsvollen Gesprächspartner, wenn Sie zunächst Aspekte ansprechen, die gut funktionieren, und den Fokus nicht nur auf negative oder heikle Punkte setzen. Natürlich werden Sie dafür bezahlt, dass Sie gute Arbeitsergebnisse liefern. Für eine gute Zusammenarbeit mit Kollegen und Vorgesetzten ist es jedoch auch hilfreich, sich von Zeit zu Zeit über persönlichere Themen auszutauschen. Das heißt nicht, dass Sie gleich zur »Plaudertasche« mutieren werden. Es kann die Arbeit sehr erleichtern, wenn Sie sich dafür interessieren, wie es dem anderen geht, wie er oder sie mit der Arbeit vorankommt, wie der Urlaub war …

Ihre Kollegen halten Sie möglicherweise für einen eher distanzierten und humorlosen Menschen. Hand aufs Herz: Wie sieht es mit Ihrem Sinn für Humor aus? Worüber können Sie lachen? Wann haben Sie das letzte Mal bei der Arbeit gelacht? Oder gelächelt? Zeigen Sie den Kollegen oder Vorgesetzten auch mal Ihre menschliche Seite. Das wird Ihrem Ansehen als seriösem und kompetentem Kollegen oder Kollegin keinen Abbruch tun – eher im Gegenteil.

Andere verstehen ist wie eine Fremdsprache lernen

Im Miteinander mit anderen Menschen gehen wir oft davon aus, dass der oder die andere genauso denkt, handelt oder fühlt wie wir. Das ist in vielen Situationen die Quelle für Missverständnisse. Wenn Sie sich jedoch darauf einlassen, Ihren Chef oder Ihren Kollegen kennenzulernen und herauszufinden, wie er oder sie »tickt«, und seine Sprache sprechen, wird er sich von Ihnen verstanden und respektiert fühlen. Er wird Sie als wichtigen Gesprächs- und Sparrings-Partner schätzen lernen. In dieser Rolle können Sie dann Ihre eigenen Ideen und Vorstellungen einbringen und sich entsprechend positionieren.

Zu Anfang ist es übrigens hilfreich, wenn Sie sich auf die Gespräche mit Ihrem Chef oder Ihrem Kollegen, die Ihnen besonders am Herzen liegen, gut vorbereiten. Das gilt insbesondere, wenn Sie seinen Kommunikationsstil – wie eine Fremdsprache – lernen, weil er nicht Ihre »Muttersprache« ist. Überlegen Sie sich vorher geeignete Formulierungen und legen Sie sich eine Strategie zurecht. Und dann heißt es: in der Praxis üben, üben, üben ... – wie bei der Fremdsprache. Natürlich kann es noch den einen oder anderen Rückschlag geben. Bei der Fremdsprache haben Sie sicherlich auch manche Vokabel zunächst falsch ausgesprochen oder in der Bedeutung verwechselt. Aber durch regelmäßiges Üben werden Sie Fortschritte gemacht haben. Genauso sieht es mit der Kommunikation mit Ihren Kollegen oder Ihrem Chef aus. Übung macht den Meister beziehungsweise die Meisterin! Weitere Tipps und Empfehlungen zu diesem Thema finden Sie im nächsten Kapitel.

KOMPAKT

Menschen unterscheiden sich in ihrem Verhalten, weil sie unterschiedliche Vorlieben haben und unterschiedliche Typen sind. Das heißt, sie haben unterschiedliche Arten zu kommunizieren, zu denken, zu arbeiten etc.
Ihr Chef oder Ihr Kollege verhält sich nicht auf eine bestimmte Art, um Sie zu ärgern, sondern weil er anders »tickt«. Ein anderer »Typ« zu sein, ist weder gut noch schlecht, sondern eine wertfreie Beschreibung von Verhalten. Für eine gute Zusammenarbeit in einer Firma braucht es alle Typen des PETA-Modells.
Sie können Ihren Vorgesetzten oder Ihre Kollegen für sich gewinnen, wenn Sie wissen, wie er oder sie »tickt«, und sich darauf einstellen, beispielsweise seinen oder ihren bevorzugten Kommunikationsstil berücksichtigen und verwenden.

Weniger Frust durch Sprache: Besser miteinander reden

6

Ihr Chef oder Ihr Kollege ist ein Mensch mit ebensolchen Befindlichkeiten und Empfindlichkeiten wie Sie. Er ist auch nicht immer nur » ...«, sondern hat auch andere Seiten – genau wie Sie. Und er macht auch Fehler – genau wie Sie. Eine Voraussetzung dafür, besser miteinander reden zu können, liegt darin, den anderen nicht nur mit Verallgemeinerungen zu belegen und die negativen Seiten zu sehen, sondern auch die angenehmen und positiven Seiten zu betrachten.

Überlegen Sie in Ruhe, welche Verhaltensweisen Ihr Chef oder Ihr Kollege Ihnen gegenüber zeigt. Gehen Sie in Gedanken typische Situationen durch. Wenn Ihr Chef Ihnen neue Aufgaben gibt. Wenn er mit dem Ergebnis Ihrer Arbeit nicht hundertprozentig einverstanden ist. Oder wenn Ihr Kollege Sie um einen Gefallen bittet. Wenn er sich über Sie aufregt. Welche Verhaltensweisen ärgern Sie in solchen Situationen?

Es wird Ihnen vermutlich leichtfallen, hierfür eine ganze Reihe von Beispielen zu finden. Unangenehmerweise bleiben uns solche Reaktionen besonders lange im Gedächtnis haften.

Überlegen Sie aber auch, was Ihnen Positives zu Ihrem Chef oder Ihrem Kollegen einfällt. Vielleicht müssen Sie hier etwas länger nachdenken. Aber wenn Ihr Chef/Kollege nicht gerade ein absolutes Scheusal ist – mit diesem Thema beschäftigen wir uns in Kapitel 8 – dann sollten Ihnen auch ein paar gute Seiten an ihm einfallen. Möglicherweise haben Sie sie vor längerer Zeit beobachtet. Oder sie sind aufgrund des hohen Zeit- und Arbeitsdrucks eher rar. Hat Ihr Chef Sie vielleicht in einer wichtigen Situation unterstützt? Oder Sie vor einem unangenehmen Kunden in Schutz genommen? Hat er sich für Ihr Weiterkommen eingesetzt und Sie besonders gefördert? Oder hat er sich für eine Gehaltserhöhung stark gemacht? Manchmal kommt es auch vor, dass wir Dinge für selbstverständlich halten, die es in Wirklichkeit aber gar nicht sind. Also: was hat Ihr Chef/Ihr Kollege für positive Seiten? Es müssen Ihnen ja nicht unbedingt gleich so viele positive Eigenschaften einfallen wie negative.

Sie finden keine Vorteile? Denken Sie noch einmal nach. In den vorangegangenen Kapiteln haben Sie ein Verständnis für die Vorlieben Ihres Chefs erhalten. Daraus lässt sich bestimmt etwas Positives ableiten. Oder ist das einzig Positive an Ihrem Chef, dass er Sie in Ruhe arbeiten lässt, weil er ständig unterwegs ist?

Übung zur Selbstreflexion

Füllen Sie nun die folgende Tabelle aus und machen Sie sich bewusst, womit Ihr Chef oder Ihr Kollege Ihnen bevorzugt auf die Nerven geht. Erfassen Sie aber auch, welche Vorteile er hat.

Das ärgert Sie an Ihrem Chef/ Ihrem Kollegen	Das sind die Vorteile Ihres Chefs/ Ihres Kollegen

Jetzt haben Sie Ihren Chef beziehungsweise Ihren Kollegen mit seinen guten und schlechten Eigenschaften vor Augen. Damit können wir uns der richtigen Kommunikation mit ihm zuwenden – eine alles andere als triviale Angelegenheit.

Was Sie sagen und was andere hören – So entstehen Missverständnisse

Kommunikation ist eine unglaublich komplexe Angelegenheit. Da sind Missverständnisse nahezu programmiert. Vor allem, weil die wenigsten von uns wirklich sagen, was sie meinen, sondern sozusagen zwischen den Zeilen versteckte Botschaften senden, die der andere dann auch noch richtig verstehen soll. Der Psychologe und Kommunikationstrainer Friedemann Schulz von Thun hat sich intensiv mit diesem Phänomen beschäftigt und ein einfach zu verstehendes Kommunikationsmodell entwickelt, mit dessen Hilfe sich viele Kommunikationsprobleme aufdecken und klären lassen. Möglicherweise ist Ihnen dieses Modell auch schon einmal begegnet.

Die vier Seiten einer Nachricht

Friedemann Schulz von Thun erkannte, dass jede Nachricht, die Sie »übermitteln«, vier Seiten hat:

- einen Sachinhalt (das Thema, um das es geht),
- einen Appell an Ihr Gegenüber (wozu Sie ihn/sie veranlassen möchten),
- einen Beziehungshinweis (wie Sie die Beziehung zu Ihrem Gegenüber definieren) und
- eine Selbstkundgabe (was Sie von sich offenbaren).

In Abbildung 2 sehen Sie ein Beispiel dafür, was Ihre Aussage: »Diese Aufgabe schaffe ich bis morgen nicht« an zusätzlichen unterschiedlichen und versteckten Botschaften an Ihren Vorgesetzten beinhalten kann. Außerdem spielen natürlich auch noch die Signale der nonverbalen Kommunikation eine Rolle, also Ihr Tonfall, ob Sie mit Ihrem Chef Blickkontakt aufnehmen, Ihre Mimik und Ihre Gestik.

Abbildung 2: Die vier Seiten einer Nachricht – das sagen Sie zu Ihrem Chef

Wenn Sie einen Sachinhalt kommunizieren, bedeutet Ihre Aussage »Das schaffe ich bis morgen nicht« schlichtweg und ganz sachlich, dass Sie diese Aufgabe nicht bis zum nächsten Tag bewältigen können. Als Appell bitten Sie Ihren Vorgesetzten mit Ihrer Aussage implizit um mehr

Zeit zur Bearbeitung der Aufgabe. Wenn Sie Ihrem Chef stattdessen einen Beziehungshinweis geben, dann werfen Sie ihm vor, dass er von Ihnen erwartet, dass Sie springen, wenn er pfeift. Und das ärgert Sie. Als Selbstkundgabe sagen Sie, dass es Ihnen schlecht geht und dass der chaotische Arbeitsstil Ihres Chefs Sie in Hektik versetzt.

Sie sehen: Ein und dieselbe Nachricht kann ganz verschiedene zusätzliche, teilweise auch versteckte Botschaften beinhalten.

Neben den vier Seiten einer Nachricht, also dem, was Sie sagen, gibt es aber noch die vier Ohren einer Nachricht (Abbildung 3), also das, was Ihr Chef hört. Das heißt, Ihr Vorgesetzter kann Ihre Nachricht mit seinem Sach-Ohr (wie ist der Sachverhalt zu verstehen?), seinem Appell-Ohr (was erwarten Sie von ihm?), seinem Beziehungs-Ohr (wie sieht er die Beziehung zu Ihnen?) und seinem Selbstkundgabe-Ohr (was vermutet er, wie es Ihnen geht?) hören.

Vier Seiten einer Nachricht beim Sender treffen also immer auf vier Ohren einer Nachricht beim Empfänger – nicht zu vergessen die nonverbale Kommunikation.

Wie Sie an diesem Beispiel sehen, kann Ihre relativ einfache Aussage, dass Sie eine Aufgabe bis morgen nicht schaffen, bei Ihrem Chef vollkommen anders ankommen – anders, als Sie es gemeint, und auch anders, als Sie es sich überhaupt vorgestellt haben. Damit sind Missverständnisse in vielen Situationen programmiert.

Abbildung 3: Die vier Ohren einer Nachricht – das hört Ihr Chef

Vergegenwärtigen Sie sich, wie Ihr Chef Sie verstehen kann: Mit seinem Sach-Ohr hört Ihr Chef, dass Sie mit Ihrer Aufgabe bis morgen nicht fertig werden. Wenn Ihr Chef allerdings sein Appell-Ohr auf Empfang gestellt hat, dann hört er möglicherweise, dass Sie ihm sagen, er soll die Aufgabe gefälligst selbst erledigen. Das wird er als Chef natürlich ganz anders sehen … Mit seinem Beziehungs-Ohr hört er, dass Sie sich einer Anweisung widersetzen oder vielleicht darüber mit ihm diskutieren möchten. Auch das wird ihn als Chef nicht erfreuen. Mit seinem Selbstkundgabe-Ohr hörend vermutet Ihr Chef, dass Sie vollkommen überlastet sind.

Die folgenden Beispiele aus dem Alltag zeigen Ihnen weitere typische Situationen für die Kommunikation auf unterschiedlichen Ebenen.

Beispiel: »In dieser Angelegenheit habe ich Bedenken!«

Die vier Seiten einer Nachricht

Das sagen Sie zu Ihrem Chef

Sachinhalt:	*Sie haben Bedenken in dieser Angelegenheit.*
Appell:	*Sie wünschen sich, dass Ihr Chef sich Ihre Bedenken anhört und sie ernst nimmt.*
Beziehungshinweis:	*Ihr Chef halst Ihnen immer die unangenehmsten Aufträge auf und lässt Sie dann damit alleine.*
Selbstkundgabe:	*Sie haben ein ungutes Gefühl, Ihnen geht es mit der Angelegenheit richtig schlecht.*

Die vier Ohren einer Nachricht

Das hört Ihr Chef

Sach-Ohr:	*Herr M. hat Bedenken wegen der Angelegenheit.*
Appell-Ohr:	*Herr M. will wieder mal, dass ich mich um das kümmere, was ihm lästig ist.*
Beziehungs-Ohr:	*Wenn ich sage, dass die Angelegenheit so erledigt werden soll, heißt es, dass ich alles in Ordnung finde. Ich weiß nicht, was er hat.*
Selbstkundgabe-Ohr:	*Herr M. fühlt sich schon wieder angegriffen.*

***Beispiel:* »An diesem Termin kann ich nicht zu Ihnen kommen. Da habe ich bereits eine andere Besprechung.«**

Die vier Seiten einer Nachricht

Das sagen Sie zu Ihrem Chef

Sachinhalt:	*Sie haben für den Termin, an dem Ihr Chef Sie sprechen möchte, bereits einen anderen Termin vereinbart.*
Appell:	*Sie bitten Ihren Chef um einen neuen Termin.*
Beziehungshinweis:	*Sie nehmen keine Rücksicht. Wegen Ihrer chaotischen Planung kann ich doch nicht alles wieder über den Haufen werfen. Das ist ein lange geplanter Termin mit einem wichtigen Kunden.*
Selbstkundgabe:	*Ihr Chef geht Ihnen wegen seiner ständigen Feuerwehr-Aktionen und kurzfristigen Terminvergaben auf die Nerven.*

Die vier Ohren einer Nachricht

Das hört Ihr Chef

Sach-Ohr:	*Frau T. hat an dem Termin keine Zeit, weil sie bei einem Kunden ist.*
Appell-Ohr:	*Dann muss Frau T. ihren Termin eben verschieben. Das ist doch nicht meine Schuld, wenn ich die Informationen von der Geschäftsleitung erst so spät bekomme.*
Beziehungs-Ohr:	*Termine mit mir haben höhere Priorität! Das wäre ja noch schöner.*
Selbstkundgabe-Ohr:	*Frau T. will sich mal wieder vor dem Termin mit mir drücken.*

Wann funktioniert Kommunikation?

Reibungslos funktionieren diese Kommunikationsbeispiele dann, wenn Ihre Aussage sachlich gemeint ist und bei Ihrem Gesprächspartner auf das Sach-Ohr trifft. Bei allen anderen Kombinationen kann es zu Konflikten kommen.

Wie können Sie dafür sorgen, dass Ihr Gesprächspartner mit großer Wahrscheinlichkeit versteht, was Sie meinen?

- Kommunizieren Sie möglichst offen und ohne versteckte Botschaften. Sagen Sie, was Sie denken, und erwarten Sie nicht von Ihrem Gegenüber, dass er die eigentliche Botschaft zwischen den Zeilen lesen wird.
- Sagen Sie Ihrem Gesprächspartner, was Sie sich von ihm wünschen. Sie erinnern sich an das SAG-ES-Prinzip aus Kapitel 4? Beispiel: »Beim nächsten Mal ist es mir wichtig, dass Sie mir früher Bescheid sagen. Dann kann ich mir meine Arbeit entsprechend einteilen.«
- Reden Sie mit Ihrem Gesprächspartner sachlich und ohne Vorwürfe und Verallgemeinerungen über Ihre Gefühle. Beispiel: »Es ärgert mich, dass ich jetzt wegen dieser Angelegenheit länger arbeiten muss.« Sie müssen sicherlich nicht immer Überstunden machen, weil Ihr Chef so chaotisch ist. Das sind die Verallgemeinerungen und Vorwürfe, die es zu vermeiden gilt.
- Wenn Sie den Eindruck haben, dass Ihr Gegenüber Sie missverstanden hat, klären Sie die Angelegenheit. Fragen Sie ihn, was er verstanden hat.

Bedenken Sie auch, dass nicht nur Sie als Sender, sondern auch der Empfänger der Nachricht recht hat. Das heißt, wenn Ihr Gegenüber Sie nicht richtig verstanden hat, dann liegt das nicht daran, dass er oder sie begriffsstutzig ist oder per se nicht zuhört (was allerdings manchmal auch vorkommt), sondern daran, dass Sie Ihre Botschaft nicht richtig beziehungsweise nicht eindeutig übermittelt haben.

TIPP

Also: Sie sind auch für das verantwortlich, was beim Empfänger ankommt. Im Zweifelsfall ist es sinnvoll, noch einmal nachzufragen, was Ihr Gesprächspartner gehört beziehungsweise verstanden hat und ob die empfangene Nachricht in Ihrem Sinne ist, also ob Ihr Gegenüber sie mit dem Ohr gehört hat, das Sie ansprechen wollten. Im Falle eines Missverständnisses ist es förderlich, wenn Sie sagen »Da habe ich mich unglücklich ausgedrückt« anstatt »Da haben Sie mich falsch verstanden«. Letzteres wird als Unterstellung beziehungsweise als Vorwurf wahrgenommen und wirkt in der sowieso schon spannungsgeladenen Situation noch weiter eskalierend.

Dos und Don'ts erfolgreicher Kommunikation

Neben den Seiten und Ohren einer Nachricht gibt es einige Spielregeln der Kommunikation, die es sich lohnt zu beachten, wenn Sie Ihren Vorgesetzten für Ihre Ziele gewinnen wollen: die sogenannten Dos der Kommunikation. Die Don'ts sollten Sie dagegen besser vermeiden – außer Sie wollen Ihren Chef gezielt gegen sich aufbringen.

Beispiel: Gute Kommunikation mit Dos

Sie haben einen Termin bei Ihrem Chef, bei dem Sie ihm über den aktuellen Stand Ihres Projektes berichten sollen. Sie informieren ihn über die bisher erreichten Punkte und den Stand der Einhaltung des Zeitplans. Auf Fragen, die Ihr Chef Ihnen zu Verzögerungen stellt, antworten Sie sachlich und beschreiben die Situation aus Ihrer Perspektive. Außerdem sagen Sie ihm, bei welchen Punkten Sie Bauchschmerzen haben, und fragen ihn nach seiner Meinung und möglichen Lösungswegen. Sie reden ruhig und sachlich mit Ihrem Chef und verwenden Ich-Botschaften.

Beispiel: Schlechte Kommunikation mit Don'ts

Von einem Kollegen haben Sie erfahren, dass Ihr Chef einem Ihrer Kunden eine Zusage gemacht hat, die nicht mit Ihnen abgesprochen war. Sie stürmen in das Büro Ihres Chefs und herrschen ihn empört an, was ihm einfällt, so hinter Ihrem Rücken zu handeln. Das wäre nicht abgesprochen, so ein Vorgehen fänden Sie unmöglich, vor allem weil Ihr Chef sich mal wieder ungefragt in Ihre Angelegenheiten einmischt. Sie würden sich ja schließlich auch an gemeinsame Absprachen halten. Ihr Chef reagiert zunächst etwas überrascht und verbittet sich anschließend den Ton, in dem Sie mit ihm reden. Sie verstehen die Welt nicht mehr – schließlich hat er die Angelegenheit ja verbockt und nicht Sie.

Bitte überprüfen Sie nun in Gedanken Ihre letzten Gespräche mit Kollegen und Ihrem Chef. Welche der folgenden Kommunikationsregeln haben Sie beachtet? Wo haben Sie Fehler gemacht? Welche Don'ts der Kommunikation wendet Ihr Chef bevorzugt an?

Übersicht: Dos der Kommunikation	
Ich-Botschaften	Es ärgert mich … Mich stört …
Offene Fragen	wer, wie, wo, was, wann
Nachfragen	Was meinen Sie mit …? Was sind die nächsten Schritte?
Aufmerksamkeit signalisieren	Hm, ja, aha, Blickkontakt, Nicken
Klären, auf den Punkt bringen, zusammenfassen	Sie meinen, dass … Mit anderen Worten meinen Sie, dass … Wenn ich Sie richtig verstanden habe, dann meinen Sie, …
Wünsche herausarbeiten	Sie möchten also, dass … Ihnen ist also wichtig, dass …
Gefühle ansprechen	Sie sind enttäuscht? Das verärgert Sie?
Empathie	Das kann ich gut verstehen. Das habe ich auch schon so erlebt. Das würde mir auch schwerfallen. In Ihrer Situation würde ich mich genauso verhalten.
Konflikte konstruktiv ansprechen	Mich ärgert, dass … Ich bin wütend darüber, dass …
Namentliche Ansprache	Ja, Herr Maier, …
Positive Formulierungen	gerne, schön, klar, gut …
Verständnis signalisieren	Ich kann gut verstehen, dass … Das kann ich mir vorstellen. Das sehe ich genauso wie Sie.
Verbindlichkeit signalisieren	Ich kümmere mich sofort darum. Das nehme ich persönlich in die Hand.

Übersicht: Don't der Kommunikation	
Du-/Sie-Botschaften	Ständig müssen Sie … Können Sie nicht mal …
Vorwürfe machen	Sie hätten auf jeden Fall … Wie konnten Sie nur …
Reizformulierungen	Ich prüfe das. Dafür bin ich nicht zuständig. Ja, aber …, trotzdem, doch, nur, Problem
Herunterspielen	Das ist doch nicht so schlimm. Das ist doch nur halb so wild.
Ausfragen	Warum haben Sie mir das denn nicht früher gesagt? Was haben Sie sich denn dabei wieder gedacht?
Suggestivfragen	Sie wollen doch auch nur das Beste für die Abteilung? Das Wohl der Firma liegt Ihnen doch auch am Herzen, oder etwa nicht?
Unterstellungen machen	Sie regen sich ja nur auf, weil … Das liegt nur daran, dass Sie … Sie machen das ja nur, weil Sie …
Bewerten	Sie denken das falsch … So kommen Sie nicht weiter … So ein Blödsinn!
Befehlen	Zuerst beruhigen Sie sich mal … Sie müssen halt … Jetzt stellen Sie sich mal nicht so an!
Belehren	Das habe ich Ihnen doch vorhin schon erklärt. Haben Sie das immer noch nicht verstanden?
Warnen und drohen	Denken Sie an die Folgen … An Ihrer Stelle würde ich mir das gut überlegen.

Übersicht: Don'ts der Kommunikation	
Lebensweisheiten	Ohne Fleiß kein Preis. Was du heute kannst besorgen, das verschiebe nicht auf morgen. Das Leben ist kein Ponyhof.
Killerphrasen	Das haben wir immer schon so gemacht. Sie immer mit Ihren Ideen! Darüber gibt es nichts zu diskutieren.
Weichmacher	Irgendwie, eigentlich, könnte, würde, eventuell, vielleicht, unter Umständen

Wenn Ihr Chef oder Ihr Kollege ein besonderes Talent für die Don'ts der Kommunikation hat, dann sollte das für Sie keine Einladung dazu sein, es ihm mit Gleichem zu vergelten. Auch wenn Ihnen dieses Verhalten möglicherweise leicht von der Hand geht. Eine kleine Anmerkung am Rande, die ich an dieser Stelle gerne in meinen Trainings mache, wenn Teilnehmer sagen, dass die Kommunikation mit Don'ts in ihren Unternehmen an der Tagesordnung ist: Nicht alles, was im Berufsalltag üblich und verbreitet ist, ist deshalb auch in Ordnung.

Auf Don'ts der Kommunikation können Sie auf verschiedene Art und Weise reagieren:

- Mit Dos kommunizieren, dem anderen in Form von Ich-Botschaften sagen, was sein Verhalten bewirkt
  Beispiel: »Ihre Angriffe/Unterstellungen ärgern mich.« »Ich kann nicht nachvollziehen, wie Sie darauf kommen.«

- Offene Fragen stellen, um besser nachvollziehen zu können, was der andere meint
  Beispiel: »Was meinen Sie damit?« »Was heißt vielleicht?« »Wie soll ich Ihrer Meinung nach vorgehen?«
- Manche Don'ts schlichtweg ignorieren und sich nicht einschüchtern lassen, sich diesen Schuh nicht anziehen, sich ein dickes Fell zulegen
  Beispiele: Killerphrasen, Lebensweisheiten, Suggestivfragen
- Beleidigendes und ausfallendes Verhalten nicht gefallen lassen, das Gespräch beenden
  Beispiel: »In diesem Ton lasse ich nicht mit mir reden.« »Wir können gerne weiterreden, wenn Sie sich wieder beruhigt haben.«
- Sagen, dass Sie nichts zu sagen haben: mit selbstbewusster Stimme und Blickkontakt
  Beispiel: »Dazu fällt mir jetzt nichts ein.« »Keine Ahnung, was ich dazu sagen soll.« »Das macht mich sprachlos.« Sie sind es aber nicht, da Sie ja etwas sagen und somit Herr der Lage sind.
- Blickkontakt halten, er löst Beißhemmung aus, auf eine souveräne Körpersprache/-haltung sowie eine feste Stimme achten

Neben diesen Strategien und Tipps zur Kommunikation sollten Sie jedoch nicht vergessen, dass jeder in einer anderen Welt lebt.

TIPP

Ihr Gesprächspartner nimmt sich selbst ganz anders wahr, als Sie es tun. Und Sie nehmen Ihr eigenes Verhalten ganz anders wahr, als Ihr Gesprächspartner es tut. Das heißt, Ihre Wahrnehmung ist eine Sicht der Dinge, es gibt aber auch noch andere. Versuchen Sie auch mal die andere Seite der Medaille zu ergründen.

Der Kommunikationswissenschaftler Paul Watzlawick hat zu diesem Thema eine sehr markante Geschichte geschrieben.

Paul Watzlawick: Die Geschichte mit dem Hammer[5]

Ein Mann will ein Bild aufhängen. Den Nagel hat er, aber nicht den Hammer. Der Nachbar hat einen. Also beschließt unser Mann, hinüberzugehen und ihn auszuborgen. Doch da kommt ihm ein Zweifel: Was, wenn der Nachbar mir den Hammer nicht leihen will? Gestern grüßte er nur so flüchtig. Vielleicht war er in Eile. Aber vielleicht war die Eile nur vorgeschützt, und er hat etwas gegen mich. Und was? Ich habe ihm nichts getan; der bildet sich da etwas ein. Wenn jemand von mir Werkzeug borgen wollte, ich gäbe es ihm sofort. Und warum er nicht? Wie kann man einem Mitmenschen einen so einfachen Gefallen abschlagen? Leute wie dieser Kerl vergiften einem das Leben. Und dann bildet er sich ein, ich sei auf ihn angewiesen. Bloß weil er einen Hammer hat. Jetzt reicht's mir wirklich. Und so stürmt er hinüber, läutet, der Nachbar öffnet, doch noch bevor er »Guten Tag« sagen kann, schreit ihn unser Mann an: »Behalten Sie doch Ihren Hammer, Sie Rüpel!«

Was will uns diese Geschichte sagen? Zum einen verleiht Wut nur kurzfristig Flügel, die Landung danach ist meistens hart. Zum anderen ist es hilfreich, wenn wir uns fragen, ob das, was wir erleben, tatsächlich genauso passiert oder nur in unserer Vorstellung, in unserer Fantasie? Steigern wir uns vielleicht manchmal auch in etwas hinein, das so überhaupt nicht gesagt und schon gar nicht so gemeint war?

KOMPAKT

Kommunikation ist eine ziemlich komplexe und komplizierte Angelegenheit. Das liegt vor allem daran, dass viele Menschen mit versteckten Botschaften kommunizieren und dass die Empfänger dieser Nachrichten oft zusätzliche Botschaften hören, unabhängig davon, ob sie vom Sender gesendet wurden oder nicht.

Missverständnisse in der Kommunikation können Sie vermeiden, indem Sie möglichst offen und ohne versteckte Botschaften kommunizieren.

Beherzigen Sie außerdem die Dos der Kommunikation: Ich-Botschaften, offene Fragen, Aufmerksamkeit signalisieren, nachfragen, positive Formulierungen, Verständnis und Verbindlichkeit signalisieren etc.

Wenn Sie an Ihrer Kommunikation arbeiten und sie verändern, werden Sie bald merken, dass es weniger Frust durch Sprache geben wird.

Weniger Frust durch selbstbewusstes Auftreten: Vertreten Sie Ihre Interessen

7

Zum Thema selbstbewusstes und erfolgreiches Auftreten gibt es bereits unzählige Ratgeber. Als Schlüssel zur besseren Durchsetzungsfähigkeit werden in diesen Büchern immer wieder folgende Fragen aufgeführt:

- Wie gut kennen Sie sich selbst? Ihre Stärken? Ihre Interessen? Ihre Ziele?
- Sind Sie von sich überzeugt? Haben Sie eine positive Einstellung sich selbst gegenüber?
- Haben Sie den Mut, sich für Ihre Interessen und Ziele einzusetzen?
- Verfügen Sie über ein gutes Einfühlungsvermögen in die Bedürfnisse und Wünsche von anderen Menschen?
- Haben Sie eine positive Einstellung anderen Menschen gegenüber?
- Verfügen Sie über entsprechende kommunikative Fähigkeiten, um Ihre Bedürfnisse auszudrücken und andere Menschen davon zu überzeugen?

Letztendlich geht es um drei zentrale Punkte: Wer sind Sie?, Wer ist Ihr Chef oder Ihr Kollege? und Wie kommunizieren Sie mit Ihrem Chef oder Ihrem Kollegen, um ihn für Ihre Ideen und Vorstellungen zu gewinnen? In den vorangegangenen Kapiteln haben Sie wichtige Informationen darüber erhalten, wie Ihre Gesprächspartner im beruflichen Umfeld, seien es Vorgesetzte oder Kollegen, »ticken«. Sie haben vermutlich auch sich selbst besser kennengelernt und vor allem bisher unerkannte Seiten an Ihrem Chef beziehungsweise Ihrem Kollegen entdeckt. Außerdem haben Sie bereits eine ganze Reihe von Tipps zum Thema Kommunikation erhalten. Auf den folgenden Seiten geht es nun darum, wie Sie, nachdem Sie diese Tipps umgesetzt und eine gute Kommunikationsbasis geschaffen haben, Ihr Gegenüber für Ihre Vorhaben gewinnen können.

Der erste und wichtigste Schritt heiß: Nehmen Sie sich ernst und seien Sie sich wichtig. Auch wenn Sie bisher vielleicht immer gelernt haben, dass Sie sich nicht so wichtig nehmen sollen. (Sie sollen sich wichtig nehmen und dabei die Bedürfnisse anderer Menschen nicht aus den Augen verlieren.)

TIPP

Sie sind ein wertvoller und wichtiger Mensch – für sich selbst der wichtigste. Sie haben das Recht, sich selbst zu vertrauen und sich etwas zuzutrauen, nämlich Ihre Ziele durch Ihre Fähigkeiten und Ihre Potenziale zu erreichen und Herausforderungen zu meistern. Sie haben ein Recht auf Glück und Erfolg, das Sie in Anspruch nehmen und genießen dürfen. Sie haben auch ein Recht darauf, Ihre Interessen zu verwirklichen. Schlucken Sie Ihre Wünsche und Bedürfnisse nicht herunter und stellen Sie sie nicht hintenan.

Wie Sie bestimmt aus der Rechtsprechung wissen, sind recht haben und recht bekommen zweierlei Paar Schuhe. Um zu Ihrem Recht zu kommen, müssen Sie sich dafür einsetzen, vielleicht sogar darum kämpfen. Und bedenken Sie: Alle anderen Menschen haben die gleichen Rechte wie Sie – auch Ihr Vorgesetzter oder Ihre Kollegen. Es geht also darum, dass Sie Ihre Rechte und Interessen mit angemessener Rücksichtnahme – hier geht es um die richtige Balance zwischen Egoismus und Unterordnung – durchsetzen.

Der zweite Schritt heißt selbstbewusst kommunizieren. Seien Sie redegewandt und sagen Sie, was Ihnen wichtig ist. Vertreten Sie Ihre Interessen und Ziele souverän und überzeugt.

TIPP

Souverän kommunizieren oder schlagfertig zu sein heißt übrigens nicht, dass Sie jederzeit auf verbale An- und Übergriffe eine freche Äußerung parat haben oder haben müssen. Es bedeutet, dass Sie in solchen Situationen nicht mehr sprachlos sind und sich durch die Dreistigkeit Ihres Gesprächspartners wie gelähmt fühlen. Treten Sie selbstbewusst auf, anstatt klein beizugeben. Verfallen Sie dabei aber nicht der Versuchung, es Ihrem Gegenüber mit gleicher Münze heimzuzahlen. Stattdessen ist es viel wirkungsvoller, wenn Sie die Regeln und Dos der Kommunikation beherrschen und mit fairen Mitteln Position für Ihre Meinung beziehen. Letztlich ist es so, dass den Menschen, die zu unlauteren Mitteln und Don'ts der Kommunikation greifen, die überzeugenden Argumente ausgegangen sind und sie mit dem Rücken zur Wand stehen. Diese vermeintliche Niederlage können sie jedoch nicht zugeben. Von Erfolg gekrönt ist ihr Vorgehen allerdings höchstens kurzzeitig. Denn wer möchte sich schon gerne mit Menschen abgeben, die andere regelmäßig – wenn auch »nur« verbal – fertigmachen?

Wirklicher und nachhaltiger Erfolg ist Ihnen sicher, wenn Sie herausfinden, was Ihnen wichtig ist, was Sie wollen, und wenn Sie sich für Ihre Ziele einsetzen. Mit sachlichen Argumenten gepaart mit einer angemessenen Portion Leidenschaft und Begeisterung wird es Ihnen sicherlich leichter fallen, Ihren Chef oder Ihren Kollegen zu überzeugen. Setzen Sie auf persönliche Integrität und Authentizität. Um sich den Respekt und die Wertschätzung Ihres Chefs zu verschaffen, ist es neben guten Arbeitsergebnissen nicht notwendig, dass Sie es ihm immer recht machen. Im Gegenteil. Ihr Chef möchte sicherlich auch nicht von opportunistischen Ja-Sagern umgeben sein. Vermutlich schätzt er es sogar sehr, wenn er wichtige oder schwierige Themen mit Ihnen sachlich diskutieren kann. Achten Sie bei diesen Gesprächen darauf, dass Sie immer von Ihrem persönlichen Standpunkt reden, senden Sie Ich-Botschaften. Erst recht, wenn Sie anderer Meinung sind als Ihr Chef oder ihn vielleicht sogar kritisieren. Sagen Sie, dass Sie etwas nicht nachvollziehen oder verstehen können oder dass Sie anderer Meinung sind. Oder dass Sie sich über etwas Bestimmtes ärgern. Aber sprechen Sie von sich und greifen Sie Ihren Chef dabei nicht an. Sie haben ein Recht auf Ihre Meinung – und Ihr Chef hat ein Recht auf seine. Dabei geht es häufig weniger darum, was richtig oder falsch ist. Oder wer sich durchsetzen kann. Es gibt oft genug Situationen, in denen zwei Meinungen und Vorgehensweisen vollkommen gleichberechtigt nebeneinanderstehen können.

So kommunizieren Sie selbstbewusster

MERKE

Finden Sie heraus, was Sie wollen.

Treten Sie selbstbewusst auf und sagen Sie sachlich, was Sie stört.

Vertreten Sie Ihre Interessen, ohne Ihren Gesprächspartner als Person anzugreifen, abzuwerten oder zu verletzen.

Vermeiden Sie Verallgemeinerungen.

Seien Sie ehrlich zu Ihrem Chef oder Ihrem Kollegen.

Versuchen Sie, sich in die Rolle Ihres Gesprächspartners hineinzuversetzen.

Sprechen Sie auch ruhig Dinge an, die gut gelaufen sind.

Hören Sie sich die Sorgen Ihres Chefs an.

Achten Sie auf Ihre Körpersprache.

Spielen Sie eine nach Ihrer Meinung schwierige Situation in Gedanken vorher durch, proben Sie Ihr Verhalten.

Finden Sie heraus, was Sie wollen. Dann können Sie entscheiden, wie Sie vorgehen wollen. Sie können nicht allen gefallen oder es allen recht machen. Wer versucht, »everybody's darling« zu sein, ist am Ende »everybody's depp«. Also versuchen Sie es gar nicht erst. Stehen Sie zu dem, was Ihnen wichtig ist. Damit sind Sie authentisch und sich selbst treu. Und Ihr Gesprächspartner weiß, woran er bei Ihnen ist. Sie werden für ihn oder sie greifbar mit all Ihren Ecken und Kanten.

Treten Sie selbstbewusst auf und sagen Sie sachlich, was Sie stört. Wer selbstbewusst auftritt, wird respektvoll behandelt. Die besten Sachargumente verfehlen jedoch ihre Wirkung, wenn es auf der Beziehungsebene nicht stimmt. Sorgen Sie also dafür, dass die Basis stimmt. Dafür ist es wichtig, dass Sie Ihre Interessen vertreten, ohne Ihren Gesprächspartner als Person anzugreifen, abzuwerten oder zu verletzen. Beachten Sie dabei die sogenannten Don'ts der Kommunikation. Senden Sie »Ich-Botschaften« und sprechen Sie von Ihren Gedanken und Gefühlen. Ihre Gedanken und Gefühle kann Ihnen kein Mensch nehmen. »Du-Botschaften« oder »Sie-Botschaften« klagen an und bringen den anderen in eine Rechtfertigungsposition. Das vergiftet die Atmosphäre und führt zu Beeinträchtigungen auf der Beziehungsebene.

Vermeiden Sie Verallgemeinerungen. Kein Mensch macht »immer« oder »nie« etwas, weder Ihr Gesprächspartner noch Sie. Sagen Sie ganz konkret, was Sie stört, wie etwas auf Sie wirkt und was Sie sich stattdessen wünschen. Begründen Sie Ihre Reaktion sachlich (»... verärgert mich«). Wenn Sie ein konkretes Verhalten Ihres Gegenübers ansprechen, kann er sich überlegen, ob er die Angelegenheit genauso sieht wie Sie und etwas an seinem Verhalten ändern möchte.

Seien Sie ehrlich zu Ihrem Chef oder Ihrem Kollegen: Sagen Sie nur dann »Ja«, wenn Sie auch tatsächlich »Ja« meinen. Wenn Sie »Nein« meinen, dann nehmen Sie Ihren ganzen Mut zusammen, es auch zu sagen – und begründen Sie Ihre Position, nennen Sie Ihre Bedenken. Das ist fairer, als anschließend verdeckte U-Boote zu fahren und den anderen zu boykottieren. Unabhängig davon, dass dieser Bumerang naturgemäß zu Ihnen zurückkommen wird. Ehrlich sein heißt übrigens nicht, dass Sie immer alles und jederzeit sagen, was Sie denken. Zu viel Ehrlichkeit kann auch verletzen; es gibt Situationen, in denen es besser ist zu schweigen, und nicht jeder legt Wert auf Ihre Meinung.

Versuchen Sie, sich in die Rolle Ihres Gesprächspartners hineinzuversetzen. Es ist manchmal hilfreich, nicht nur den eigenen Standpunkt zu betrachten, sondern auch den des Gegenübers. Wie würden Sie in seiner Situation handeln? Vielleicht genauso? Dieser Perspektivenwechsel führt häufig zu überraschenden Einsichten und Lösungen.

Sprechen Sie auch ruhig Dinge an, die gut gelaufen sind. Wenn Ihr Chef ein »Enthusiast« ist und bewundert werden will (Sie erinnern sich an das PETA-Modell, das ich auf Seite 71 ff. beschrieben habe?), dann bewundern Sie ihn halt manchmal – aber nur wenn Sie es auch wirklich ernst meinen. Oder loben Sie ihn, wenn Sie denken, dass er das annehmen kann und es die Unternehmenskultur erlaubt. Sie können ihm auch ein Kompliment machen, wenn er ein umgänglicher und freundlicher Chef ist. Bedenken Sie: Er ist auch ein Mensch und freut sich sicherlich über ein nettes Wort von Ihnen – wenn es ehrlich gemeint ist. Dazu kann auch gehören, dass Sie sich die Sorgen Ihres Chefs anhören. Werden Sie zu seinem Sparrings-Partner. Diskutieren Sie mit ihm seine Lieblingsthemen, fragen Sie ihn nach seiner Meinung.

Achten Sie auf Ihre Körpersprache: Nehmen Sie Blickkontakt mit Ihrem Gesprächspartner auf. Schauen Sie ihm in die Augen. Blickkontakt löst Beißhemmung aus. Haben Sie übrigens Ihren Chef oder Ihren Kollegen schon mal freundlich angelächelt? Mir fällt immer wieder auf, wie wenig im Berufsleben gelächelt wird und wie überraschend positiv die Wirkung ist, wenn man jemanden anlächelt. Ein gutes Übungsfeld dafür sind übrigens auch Nahverkehrsmittel auf dem Weg zur oder von der Arbeit. (Das heißt ja nicht gleich, dass Sie mit anderen Fahrgästen anfangen sollen zu flirten.) Ein freundlicher Gesichtsausdruck wirkt auch Wunder, wenn es um Ihr eigenes Befinden geht. Wenn Sie an etwas Angenehmes oder Schönes denken und sich im Spiegel anlächeln, kann es Ihnen nicht schlecht gehen, da Ihr Gehirn sofort »Glückshormone« ausschüttet. Mein Tipp: Probieren Sie es häufiger mal aus! Zu Ihrer Körpersprache gehört auch Ihr Sprechtempo: Bemühen Sie sich um eine ruhige und nicht allzu hektische Sprechweise. Wenn Ihr Gesprächspartner mit Ihnen spricht und dabei steht, dann stehen Sie auch: aufrecht mit einer offenen Körperhaltung und lassen die Arme dabei locker hängen (keine reservierte oder angriffslustige Körperhaltung). Wenn Sie in dieser Situation sitzen bleiben, machen Sie sich kleiner und hilfloser. Und Sie müssen zwangsläufig zu ihm oder ihr aufschauen. Ein hierarchisches Gefälle zwischen Ihnen und Ihrem Gesprächspartner wird durch Ihre Sitzposition aufgebaut, wenn es sich um Ihren Kollegen handelt, mit dem Sie ja eigentlich auf einer Stufe stehen, oder künstlich verstärkt, wenn es sich um Ihren Chef handelt.

Spielen Sie eine nach Ihrer Meinung schwierige Situation in Gedanken vorher durch, proben Sie Ihr Verhalten. Üben Sie so lange zu Hause – vielleicht auch vor dem Spiegel –, bis Sie mit sich zufrieden sind. Legen Sie sich genaue Formulierungen zurecht. Schreiben Sie diese auf, damit

Sie sie sich besser merken können, und wiederholen Sie sie immer wieder. Fragen Sie sich, was schlimmstenfalls passieren kann. Oft ist dieser »worst case« gar nicht so schlimm, wie Sie es befürchten – oder es ist höchst unwahrscheinlich, dass er eintritt.

Und noch eine Anregung zum Thema Spielregeln: Spielregeln können Sie nicht ändern, indem Sie sich von Anfang an gegen sie auflehnen oder herumjammern. Auch wenn Ihnen diese Spielregeln noch so albern oder antiquiert vorkommen. Die beste Strategie ist:

1. Erkennen und lernen
2. annehmen und mitspielen
3. langsam verändern
4. Freiräume schaffen

Mit einem selbstbewussten und souveränen Auftreten können Sie bereits viel erreichen und Ihren Chef oder Ihren Kollegen in Ihrem Sinne führen. Selbstbewusstes und souveränes Auftreten ist eine Frage der Übung. Das weiß ich aus eigener Erfahrung. In meiner Arbeit als Coach und Trainerin war und bin ich immer wieder mit Menschen konfrontiert, deren Verhalten auch für mich eine Herausforderung darstellt. Doch: Übung macht den Meister oder die Meisterin! Wenn Sie viel Gelegenheit zum Üben haben, werden Sie bald merken, dass es immer weniger Situationen geben wird, die Sie sprachlos und hilflos machen und in denen Sie sich hinterher über Ihr eigenes Verhalten bzw. das Fehlen einer Reaktion ärgern.

In den vergangenen Jahren habe ich in meinen Seminaren eine ganze Reihe von Angriffen, Beleidigungen und verletzenden Äußerungen gesammelt, die ich Ihnen an dieser Stelle zum Üben vorstelle. Diese Formulierungen sind nicht erfunden, sondern stammen aus dem Arbeitsalltag meiner Seminarteilnehmer. Möglicherweise kommt Ihnen die eine oder andere Äußerung auch bekannt vor. Wenn Ihnen noch weitere Äußerungen einfallen, ist unten noch Platz für Ihre Ergänzungen. Wie reagieren Sie selbstbewusst und souverän auf diese Äußerungen, ohne sich dabei auf das Niveau Ihres Gesprächspartners einzulassen? Was sagen Sie konkret? Nach meiner Erfahrung ist es hilfreich, wenn Sie sich eine konkrete Formulierung zurechtlegen. Schreiben Sie sie auf einen kleinen Zettel, den Sie in Ihr Portemonnaie tun, oder notieren Sie sie in Ihrem Smartphone, damit Sie sie beim nächsten Mal parat haben. Etliche meiner Klienten sind inzwischen auf diese Art und Weise »bewaffnet« im Berufsalltag unterwegs.

Fragen zur Selbstreflexion

Ihr Gesprächspartner sagt: »Sie machen immer die gleichen Fehler. Lernen Sie das denn nie?«

Sie erwidern darauf:

Ihr Gesprächspartner sagt: »Vor fünf Jahren hat das nicht funktioniert. Dann funktioniert das jetzt auch nicht.«

Sie erwidern darauf:

Ihr Gesprächspartner sagt: »Ihrem Vorgänger können Sie das Wasser sowieso nicht reichen.«

Sie erwidern darauf:

Ihr Gesprächspartner sagt: »Das haben wir schon immer so gemacht.«

Sie erwidern darauf:

Ihr Gesprächspartner sagt: »In Ihrem Alter habe ich genauso gedacht.«

Sie erwidern darauf:

Ihr Gesprächspartner sagt: »Sie haben mir mal wieder nicht richtig zugehört.«

Sie erwidern darauf:

Ihr Gesprächspartner sagt: »Das können Sie doch gar nicht einschätzen.«

Sie erwidern darauf:

Ihr Gesprächspartner sagt: »Fehlt Ihnen dafür nicht die Erfahrung?«

Sie erwidern darauf:

Ihr Gesprächspartner sagt: »Sie sind völlig inkompetent.«

Sie erwidern darauf:

Ihr Gesprächspartner sagt: »Was haben Sie sich dabei gedacht?«

Sie erwidern darauf:

Ihr Gesprächspartner sagt: »Das ist immer dasselbe mit Ihnen.«

Sie erwidern darauf:

Ihr Gesprächspartner sagt: »Jetzt geht das schon wieder los.«

Sie erwidern darauf:

Ihr Gesprächspartner sagt: »Das ist nicht effektiv.«

Sie erwidern darauf:

KOMPAKT

Der Schlüssel zu selbstbewusstem Auftreten im Beruf liegt darin, dass Sie Ihre Stärken und Ziele kennen, dass Sie von sich überzeugt sind und dass Sie den Mut haben, sich für Ihre Vorhaben und Interessen einzusetzen. Außerdem brauchen Sie noch ein gutes Gespür für die Bedürfnisse und Interessen von anderen Menschen und eine positive Einstellung ihnen gegenüber. Wenn Sie über kommunikatives Geschick verfügen und andere von sich überzeugen können, steht Ihrem Erfolg nichts mehr im Wege.

Konflikte mit dem Chef rauben sehr viel Energie und tun richtig weh. Viele Konflikte entstehen durch Missverständnisse in der Kommunikation und lassen sich bei Berücksichtigung entsprechender Dos und Don'ts vermeiden.

Wenn es doch zu einem Konflikt gekommen ist, ist es wichtig, dass Sie sich nicht klein und hilflos machen. Cholerische Anfälle Ihres Gesprächspartners müssen Sie sich übrigens nicht bieten lassen. Wenn keine sachliche Auseinandersetzung oder Lösung möglich ist, sollten Sie zunächst »das Feld räumen«. Das heißt übrigens nicht, dass Sie klein beigeben. Es gibt Ihnen die Möglichkeit, Ihre Kräfte zu sammeln und zu bündeln und sich mit etwas zeitlichem Abstand für Ihre Interessen einzusetzen.

Wenn guter Wille nicht weiterhilft: Manche Menschen sind einfach unausstehlich

8

In den vorangegangenen Kapiteln sind wir von der Annahme ausgegangen, dass Ihr Chef oder Ihr Kollege zwar unter Umständen ein harter Brocken, jedoch kein Unmensch ist. Mit entsprechendem Wohlwollen, Geduld und Hartnäckigkeit Ihrerseits sowie der gestuften Anwendung von Tipps und Strategien aus diesem Buch kommen Sie zu Ihrem Ziel: nämlich Ihren Chef oder Ihren Kollegen für Ihre Ideen, Erwartungen und Ziele zu gewinnen und »von unten« beziehungsweise auf Augenhöhe zu führen. Die Wirklichkeit sieht aber manchmal ganz anders aus. Schon immer gab es Unternehmen mit Chefs, die keine Vorbilder für ihre Mitarbeiter sind.

Beispiel: *Ein Seminarteilnehmer berichtete mir, dass es jedes Mal, wenn es um das Thema Urlaub geht, endlose Diskussionen mit seinem Chef darüber gibt, dass die Mitarbeiter gerade jetzt nicht abwesend sein dürfen, um Projekterfolge nicht zu gefährden. Diese Diskussionen machen mürbe, denn es ist nie der richtige Zeitpunkt für Urlaub. Der Chef hat wohl auch noch nicht mitbekommen, dass jeder Mitarbeiter einen Anspruch auf seinen Jahresurlaub hat. Dass er selbst aber vier Wochen am Stück im Urlaub ist, steht auf einem anderen Blatt geschrieben.*

Eine Teilnehmerin an einem Workshop erzählte, dass ihr Chef sie jedes Mal, wenn sie ihn bei einem Meeting über den aktuellen Stand ihrer Projekte informiert, fertigmacht. Kommentare wie »So wie Sie das angehen, kann das ja auch nichts werden« oder »Da müssen Sie sich mal ein bisschen mehr Mühe geben« sind bei Schwierigkeiten mit externen Partnern und Kunden an der Tagesordnung. Die Meetings mit ihrem Chef sind bereits zu einem Horror für die Mitarbeiterin geworden. Vor den Terminen hat sie Magenschmerzen und Albträume.

Im Coaching berichtete eine Klientin, dass ihr Chef sie regelmäßig vor Kollegen und Kunden in die Pfanne haut. »Nehmen Sie sich mal ein Beispiel an Herrn F. Von dem können Sie noch viel lernen.« »Wie gut, dass ich mich selbst um die Sache kümmere. Sonst wird das ja wieder nichts.« Und: »Lassen Sie das mal lieber Frau T. machen«, sind seine Lieblingssprüche.

Trotz überwiegend akademischer Ausbildung gibt es immer wieder die cholerischen Egozentriker, die ihre Mitarbeiter und Kollegen schikanieren und mobben, Vorgesetzte, deren oberstes Handlungsgebot Willkür ist und für die Soft Skills ein Fremdwort sind. Es herrschen ein rauer Umgangston und eine knallharte Hackordnung, bei der weggebissen wird, wer stört, aus der Reihe tanzt und nicht mitspielt. Die wirtschaftliche Entwicklung der letzten Jahre, insbesondere der verstärkte Wettbewerb, aber auch ein größeres Bewusstsein für Mobbing am Arbeitsplatz haben zu einer Zunahme von Negativbeispielen geführt.

Das Verhalten solcher Vorgesetzter und Kollegen kann eine emotionale Achterbahnfahrt der betroffenen Mitarbeiter nach sich ziehen: Aus anfänglicher Wut – manchmal auch Hass – wird irgendwann Frustration und ein Gefühl des Ausgeliefertseins und der Hilflosigkeit. Insbesondere dann, wenn es keine Hoffnung auf Veränderungsmöglichkeiten gibt. Manchmal steigt wieder die Wut auf – auf den Chef, auf den Kollegen, aber auch auf sich selbst, dass man sich so behandeln lässt. Irgendwann folgt dann Hoffnungslosigkeit. An der Situation lässt sich aus Sicht der Betroffenen nichts ändern, die Leidensgeschichte setzt sich immer weiter fort.

In meinen Workshops analysiere ich mit den Teilnehmern den Grad der Unausstehlichkeit ihres Chefs und gebe je nach Situation entsprechende Empfehlungen (Abbildung 4). Dasselbe gilt natürlich auch für den Grad der Unausstehlichkeit von Kollegen oder Kolleginnen.

Abbildung 4: Empfehlenswerte Verhaltensstrategien in Abhängigkeit von der Unausstehlichkeit Ihres Gesprächspartners

Auf der linken Seite sehen Sie Beschreibungen des Grads der Ertragbarkeit beziehungsweise Unausstehlichkeit Ihres Vorgesetzten. Auf der unteren Stufe ist Ihr Chef eigentlich ganz harmlos und Sie kommen recht gut mit ihm zurecht. »Eigentlich«, weil sich Spannungen und Missverständnisse im Alltag nie ganz vermeiden lassen. Auf der rechten Seite der Abbildung sehen Sie Handlungsempfehlungen zu dieser Stufe: Spannungen können Sie am einfachsten durch die Anwendung der Tipps für eine bessere Kommunikation reduzieren oder vermeiden (Kapitel 6).

Nach oben hin nimmt die Unausstehlichkeit Ihres Gesprächspartners immer weiter zu, das heißt, es wird immer mehr Engagement, Geschick und methodischer Einsatz von Ihnen gefragt, um die harte Schale des anderen zu knacken und ihn für Ihre Belange zu gewinnen. Wichtig ist dabei, dass Sie systematisch vorgehen: Verschießen Sie nicht sofort all Ihr Pulver, sondern entscheiden Sie sich für eine Vorgehensweise, mit der Sie anfangen wollen. Wenden Sie sie konsequent für einige Wochen an. Nehmen Sie später – sofern notwendig – eine weitere Strategie hinzu. Wenden Sie diese wieder konsequent und systematisch an. Und so weiter. Nur dann können Sie herausfinden, welche Vorgehensweisen Ihnen auf Ihrem Weg weiterhelfen. Außerdem haben Sie dann immer noch Tipps und Strategien in petto, wenn mal unerwartete Schwierigkeiten auftreten.

Abbildung 4 ist übrigens nicht dazu gedacht, die Vorgehensweisen, die ich Ihnen in diesem Buch vorgestellt habe, zu gewichten und in eine Rangordnung zu bringen. Nach dem Motto: »Wenn Ihr Gesprächspartner nicht ohne, aber kein Unmensch ist«, dann lesen Sie die Kapitel X, Y und Z. Alle Methoden sind gleich gut geeignet, Ihren Gesprächspartner für Ihre Belange zu gewinnen. Es liegt an Ihnen und Ihren Vorlieben, mit welcher Vorgehensweise Sie sich am besten anfreunden und sie als erste ausprobieren möchten.

Wie bereits oben gesagt, gehen diese Vorgehensweisen davon aus, dass Ihr Chef oder Ihr Kollege ein wohlwollendes Wesen mit einer mehr oder weniger harten Schale ist. Auf diese Annahme zielen die unteren vier Stufen der Pyramide ab. Die oberste Stufe ist durch einen Strich abgetrennt. Sie beschreibt eine besonders schwierige Situation: Ihr Chef/Kollege ist einfach unausstehlich, ein richtiges Ekel und alle Bemühungen, die Sie in der Vergangenheit unternommen haben, waren vergebens.

Es ist kaum nachvollziehbar, dass es das Management in Unternehmen duldet, wenn Vorgesetzte so verantwortungslos und menschenverachtend mit ihren Mitarbeitern umgehen. Und dennoch werden gegenüber diesen Vorgesetzten oft lange Zeit alle Augen zugedrückt. Beispielsweise solange die Umsatzzahlen stimmen. Oder wenn solch ein Verhalten schlichtweg nicht ins Unternehmenskonzept passt, von daher nicht wahrgenommen oder sogar geleugnet wird. Frei nach dem Motto: Was nicht sein darf, das nicht sein kann. Man möchte manchmal fast glauben, dass es in manchen Unternehmen eine Art Stillhalteabkommen zwischen Unternehmensleitung, Personalabteilung und sogar dem Betriebsrat gibt.

Beispiel: Stillhalteabkommen zwischen Chef und Betriebsrat?
Eine Seminarteilnehmerin, die von ihrem Vorgesetzten über eine längere Zeit erniedrigt und schlecht behandelt wurde, berichtete mir, dass sie vom Betriebsrat – ohne dass man sich dort Zeit für ein ausführlicheres Gespräch nahm und sie berichten konnte, was vorgefallen war – die Antwort bekam, das wäre kein Mobbing. Punkt.

Was können Sie nun tun, wenn Ihnen diese Beschreibungen bekannt vorkommen und Sie sich in einer vergleichbar ausweglosen Situation befinden?

Mit gutem Willen kommen Sie hier auf jeden Fall nicht weiter. Hier sind Hopfen und Malz verloren. Diese Art von Chef beziehungsweise Kollegen können Sie nicht motivieren, sich zu ändern – je früher Sie das erkennen, desto besser (außer Sie verfügen über eine gehörige Portion Masochismus). Vermutlich werden Sie ihn oder sie auch gar nicht mehr ändern wollen. Denn solche Menschen treiben ihre Mitarbeiter und Kollegen in die innere Kündigung bis hin zu schweren psychischen und körperlichen Krisen.

TIPP

Wenn Sie merken, dass Ihre aktiven Bemühungen keine Früchte tragen, empfehle ich Ihnen folgendes Vorgehen: Konzentrieren Sie sich auf sich selbst. Denken Sie nicht mehr über das Verhalten Ihres Chefs/Ihres Kollegen nach. Versuchen Sie nicht sein Verhalten zu erklären oder zu rechtfertigen. Sie sind schließlich nicht sein Therapeut oder seine Therapeutin. Er hätte schließlich die Möglichkeit, sich anders zu verhalten. Offensichtlich sieht er jedoch keine Notwendigkeit dazu.
Wichtig ist aber, dass Sie nicht von vornherein die Flinte ins Korn werfen, sondern zuerst versuchen, eine Änderung herbeizuführen.

Spekulieren Sie nicht darauf, dass Ihr Gesprächspartner sich ändern wird. Reden Sie sich auch nicht ein, dass er in Wirklichkeit gar nicht so schlimm ist, dass es noch schlimmere Chefs/Kollegen gibt oder dass Sie an seinem Verhalten ebenfalls Anteile haben. Das gilt übrigens nicht nur für die Menschen, die Ihnen in Ihrem beruflichen Umfeld begegnen, sondern auch für Ihr privates Umfeld. Mit solchen Gedanken machen Sie sich klein und selbst etwas vor. Ihr Körper und Ihr Unterbewusstsein lassen sich nicht so leicht belügen. Sie sind die ganze Zeit damit beschäftigt, das an Belastungen und Stress auszuhalten und zu verarbeiten, was Sie verdrängen.

Überlegen Sie, wie Sie sich am besten von Ihrem Chef oder Ihrem Kollegen abgrenzen können, damit Sie durch seine Attacken weniger verwundbar werden. Reduzieren Sie Besprechungen und persönliche Zusammenkünfte mit ihm auf das gerade noch machbare Minimum. Kommunizieren Sie mit ihm wenn möglich schriftlich, das hält Distanz. Bereiten Sie sich innerlich auf nicht vermeidbare Zusammenkünfte mit ihm vor. Sein Repertoire an Garstigkeiten kennen Sie vermutlich nur zu gut. Wenn Sie innerlich dagegen gewappnet sind und nicht alles persönlich nehmen, was er sagt oder tut, werden Sie weniger verletzbar.

TIPP

Die Abgrenzung von »harten Brocken« im privaten Umfeld fällt vielen Menschen oft sehr viel schwerer als im beruflichen Umfeld. Ursache hierfür sind die sehr vielschichtig vorhandenen emotionalen Verbindungen. Welche Anti-Frust-Strategien setzen Sie bereits erfolgreich im Beruf um? Welche davon können Sie sich vorstellen, im privaten Umfeld auszuprobieren? Probieren Sie es aus – und Sie werden bald merken, dass sie auch hier funktionieren.

Suchen Sie sich Regenerationsmöglichkeiten für Ihre Freizeit. Beschäftigen Sie sich mit Dingen, die Ihnen guttun, die positiv sind und bei denen Sie Erfolgserlebnisse haben. Treiben Sie Sport, um sich abzureagieren. Was Sie sich noch Gutes tun können, erfahren Sie im nächsten Kapitel. Und lassen Sie wenn möglich nicht mehr Frust an Ihrem Umfeld aus als nötig. Dort sind die Menschen, die Sie unterstützen und die wirklich nichts dafür können, dass Ihr Chef oder Ihr Kollege so ein Ekel ist!

Schauen Sie sich nach Veränderungsmöglichkeiten innerhalb Ihres Unternehmens um. Suchen Sie auch nach Perspektiven und Alternativen außerhalb Ihres Unternehmens. Finden Sie heraus, welche Job-Suchmaschinen für Sie geeignet sind und wo Sie sonst Stellenanzeigen finden können. Auch wenn Ihr Chef oder Ihr Kollege das eigentliche Problem ist, wird er nicht für eine Beseitigung dieses Problems sorgen. Es ist also an Ihnen, eine Lösung zu finden, und diese Lösung kann bedeuten, dass Sie sich eine neue Stelle suchen. Auch wenn eigentlich Ihr Chef oder Ihr Kollege gehen müsste ... Es mag in Ihren Augen eine himmelschreiende Ungerechtigkeit sein – aber meistens ist es die Realität und auf Dauer gesehen das geringere Übel. Oder wollen Sie sich noch längere Zeit schlecht behandeln lassen?

TIPP

Kein Mensch hat das Recht, Sie auf Dauer schlecht zu behandeln – weder im beruflichen noch im privaten Umfeld. Horchen Sie in sich hinein und analysieren Sie, wie es Ihnen geht. Wenn Sie merken, dass Ihre Toleranzschwelle bereits über längere Zeit überschritten ist, setzen Sie Grenzen oder ziehen Sie unter Umständen sogar die Reißleine – wie bei einem Fallschirm, damit Sie sicher landen und wieder festen Boden unter den Füßen gewinnen können.

Besonders kritisch und brisant wird es nämlich, wenn Sie bereits körperliche oder psychische Symptome aufgrund dieser Belastungssituation zeigen. Haben Sie vielleicht in der Vergangenheit schon häufiger aus Ihrem näheren Umfeld – Familie oder Freunde – gehört, dass Sie sich verändert haben und nicht mehr der oder die Alte sind? Solche Warnsignale sollten bei Ihnen die Alarmglocken klingen lassen, denn es muss schon Einiges passiert sein, bis Angehörige oder Freunde ihre Sorgen um Sie kundtun.

Stellen Sie sich auf den Prüfstand und checken Sie Ihre körperliche und psychische »Fitness«. Hören Sie auf, sich mit Aussagen wie »Das geht schon wieder vorbei« oder »So schlimm ist es ja gar nicht« etwas vorzumachen. Es geht nicht vorbei und Ihr Körper merkt sich das, was Sie ihm antun. Auch wenn die Quittung vielleicht erst mit zeitlicher Verzögerung kommt. Stresserkrankungen sind bereits seit einigen Jahren ein ernst zu nehmender Kostenfaktor für Unternehmen, Sozialkassen und Versicherungen.

Der Verlust von Selbstvertrauen und fehlende Arbeitsmotivation sind oft der Anfang. Wenn Sie an sich Symptome wie ständige Müdigkeit bis hin zur Erschöpfung, Verzweiflung, Teilnahmslosigkeit und innere Leere, Angstzustände, Schlaflosigkeit, Depression, Kopf- und Magenschmerzen, Übelkeit, Atemnot, Verdauungsprobleme, Herz- und Kreislaufprobleme beobachten oder einen erhöhten Konsum an Medikamenten und Alkohol benötigen, um die Situation besser ertragen zu können, dann ist es höchste Zeit für eine ärztliche und psychologische Behandlung und Betreuung. Mit der Unterstützung von Fachleuten kann es Ihnen gelingen, wieder zu Kräften zu kommen und einen Ausweg aus dieser Krise zu finden.

Scheuen Sie sich nicht davor, diesen Schritt zu tun. Es zeugt nicht von Schwäche, mit den Problemen nicht alleine fertig zu werden, sondern von Mut und Entschlossenheit, etwas verändern zu wollen. Es geht schließlich darum, was für Sie gut ist, und darum, neue Perspektiven für Ihr Leben zu finden. Und dafür müssen Sie wieder auf dem Damm und bei Kräften sein. Sie möchten Ihrem Chef oder Ihrem Kollegen doch vermutlich nicht auch noch so viel Macht zugestehen, dass er Ihr weiteres Leben und Ihre Zukunft ruiniert.

KOMPAKT

Manche Chefs und Kollegen sind einfach unausstehlich. Bei ihnen kommen Sie auch mit gutem Willen nicht weiter. Reden Sie sich nicht ein, dass er in Wirklichkeit gar nicht so schlimm ist und es noch schlimmere Chefs oder Kollegen gibt. Spekulieren Sie auch nicht darauf, dass er sich ändern wird. Er wird es nicht! Das gilt übrigens auch für die »harten Brocken« in Ihrem privaten Umfeld. Konzentrieren Sie sich auf sich selbst! Suchen Sie nach Unterstützungsmöglichkeiten (wenn es Ihnen ganz schlecht geht auch durch Profis) und nach Regenerationsmöglichkeiten in Ihrer Freizeit. Schauen Sie sich nach Veränderungsmöglichkeiten inner- und außerhalb Ihres Unternehmens um.

Der große Rahmen: Frusttreiber jenseits des Jobs

9

Ein erfülltes Leben und Lebenserfolg erfordern eine gute Lebensbalance oder Work-Life-Balance. Ein wichtiger Schritt, damit es Ihnen bei Ihrer Arbeit gut geht, ist die Erlangung genau dieses Gleichgewichts zwischen Berufs- und Privatleben. Gerade in wirtschaftlich schwierigen Zeiten gerät für viele Menschen diese Balance ins Wanken oder das Thema wird als eher unwichtig in den Hintergrund gedrängt. Vielleicht sind auch Sie der Überzeugung, dass der berufliche Erfolg mit Lebenserfolg gleichzusetzen ist oder dass man Privates auch ruhig auf später verschieben kann.

Die Frage nach dem Sinn des Lebens, den eigenen Wertvorstellungen und Maßstäben stellt sich oft erst zu einem Lebenszeitpunkt, an dem viele Weichen, beispielsweise die Berufswahl oder Fragen der Familiengründung, längst gestellt und vollzogen sind. In welchem Rahmen sind dann noch Veränderungen oder ein Neuanfang möglich? Der rasant gewachsene Markt an Ratgeber-Literatur und Beratungs-Veranstaltungen zeigt, dass das Thema Lebensbalance essenziell geworden ist und viele Menschen ganz offensichtlich ein Ungleichgewicht beziehungsweise eine fehlende Ausgeglichenheit in ihrem Leben festgestellt haben, die sie ohne professionelle Unterstützung nicht beseitigen können.

Woran merken Sie nun, dass in Bezug auf die Art Ihrer Lebensführung etwas aus dem Gleichgewicht geraten ist? Typische Hinweise dafür sind:

- ein anhaltendes Gefühl der Überforderung, des Gehetztseins und von Stress,
- körperliche Erschöpfung, die sich beispielsweise in einem übermäßigen Schlafbedürfnis, morgendlicher Müdigkeit, Mattigkeit und vermehrter Krankheitsanfälligkeit zeigt,

- geistige Erschöpfung, die sich in Lustlosigkeit, fehlender Kreativität und Antriebsarmut äußert,
- ein Gefühl der Fremdbestimmung, das heißt Ihnen bleibt keine Zeit mehr für sich und Ihre Bedürfnisse, weil alle etwas von Ihnen wollen und fordern und keiner auf Sie Rücksicht nimmt; Sie fühlen sich im Stich gelassen, von den anderen nicht akzeptiert und verstanden. Sie haben das Gefühl, Sie stehen allein auf verlorenem Posten,
- fehlende Effizienz und Effektivität: trotz zunehmender Überstunden bewirken Sie nicht mehr; Sie scheinen nie genug zu tun, um den Aufgabenberg zu reduzieren, noch mehr Überstunden führen zu körperlicher und geistiger Erschöpfung,
- fehlende Distanzierung von der Arbeit, die sich darin äußert, dass Sie Ihre Arbeit gedanklich mit nach Hause nehmen und nicht abschalten können; Ihre Arbeitsprobleme sind auch das Gesprächsthema Nummer eins mit Ihrer Partnerin beziehungsweise Ihrem Partner,
- Konflikte mit Kollegen, Mitarbeitern oder Ihrem Chef belasten Sie längere Zeit und so sehr, dass Sie keine schnelle Lösung finden,
- Resignation, das heißt Sie haben Ihre Ziele, Träume und Visionen aufgegeben und »funktionieren« nur noch; an Alternativen denken Sie gar nicht mehr,
- Unzufriedenheit: Ihr Tun kann Sie nicht mehr zufriedenstellen und erfüllen. Sie fühlen sich leer, auch Erfolgserlebnisse können Sie nicht mehr genießen,
- Fragen nach dem Sinn, das heißt Sie fragen sich immer häufiger nach dem Sinn Ihres Tuns und finden keine Antwort auf diese Frage.

Die aufgezählten Gefühle oder Gedanken sind Ihnen sicherlich mehr oder weniger bekannt. Sie können auch im ganz normalen Berufsalltag immer mal wieder auftreten. Wenn sie jedoch bei Ihnen zum Normalzustand gehören, sollten Sie alarmiert sein, denn eine dauerhaft gestörte Balance zwischen Arbeits- und Privatleben führt zu Einbußen Ihrer Lebensqualität und -zufriedenheit.

TIPP

Wenn Sie feststellen, dass Sie sich immer häufiger nach dem Sinn Ihres Handelns – egal ob im Berufs- oder im Privatleben – fragen, ist es höchste Zeit, eine neue, souveränere Sichtweise einzunehmen: Sie sind Ihrer Situation nicht ausgeliefert! Nach dem Motto dieses Buches: Nicht ärgern, sondern ändern. Sie bestimmen zu einem großen Ausmaß selbst, was Ihnen widerfährt und wer Sie wie behandelt. Sie können etwas an Ihrer Situation ändern. Wenn Sie es denn wollen. Allerdings sind Veränderungen oft schmerzhaft. Das gilt vor allem in der Aufbruchsphase. Wenn Sie Ihr Ziel erreicht haben, werden Sie jedoch für Ihr Durchhaltevermögen und Ihren Mut belohnt.

Um die Frage zu beantworten, welche Lebensbereiche zum Leben überhaupt dazugehören und auf welche Weise Sie eine Balance im Alltag herstellen können, möchte ich auf das Modell des iranisch-stämmigen Arztes und Psychotherapeuten Nossrat Peseschkian zurückgreifen.

Sein Lebensbalance-Modell besteht aus vier Bereichen:

- Beruf und Finanzen mit den Themen Arbeit, Leistung, Effizienz, Regeneration, fachliche Weiterbildung, Vermögen und Wohlstand.
- Familie und soziale Kontakte: Hier geht es um die Beziehungen zum Ehe- oder Lebenspartner, zu Kindern und anderen Familienangehörigen, zu Freunden und Bekannten und um soziales und politisches Engagement.

- Gesundheit und Fitness beinhalten ärztliche Vorsorgemaßnahmen, eine gesunde Ernährung, Sport sowie Erholung und Entspannung.
- Der Bereich Sinn und Kultur umfasst Fragen des Lebenssinns und persönlicher Visionen, Wertvorstellungen, Möglichkeiten zum innerlichen Auftanken, kulturelle Interessen und die Persönlichkeitsentwicklung.

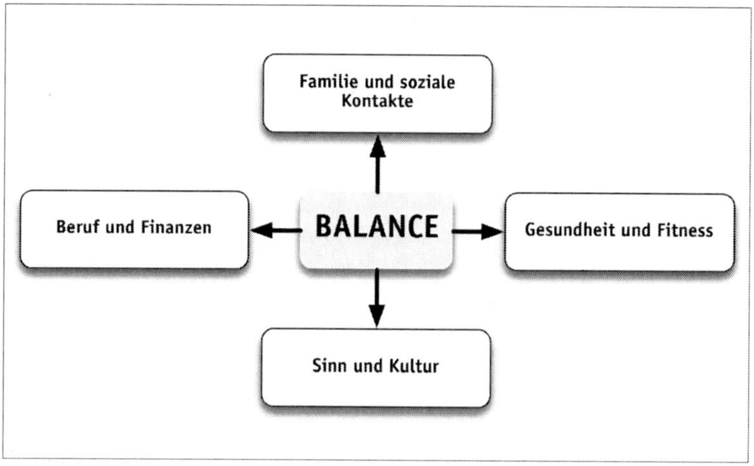

Abbildung 5: Das Lebensbalance-Modell von Nossrat Peseschkian[6]

Eine Balance dieser vier Bereiche ist die Voraussetzung dafür, Glück und Zufriedenheit zu finden und ein ausgeglichenes Leben zu führen. Dieses Gleichgewicht ist jedoch nicht im physikalischen Sinn und als statisch zu verstehen, das heißt es ist nicht erforderlich, dass Sie sich an jedem Tag für die gleiche Anzahl von Stunden mit den Inhalten einer Säule beschäftigen: vierundzwanzig Stunden minus acht Stunden Schlaf macht verbleibende vier Stunden für jede Säule. Ein Vierstundentag ist alleine für den Bereich des Berufs vollkommen unrealistisch.

Wichtig ist stattdessen, dass die verschiedenen Lebensbereiche verhältnismäßig, qualitativ und langfristig ausgewogen sind. Natürlich gibt es immer – beispielsweise berufsbedingte – Phasen, in denen die Balance fehlt und ein Lebensbereich zu Lasten anderer überbetont wird. Anstelle eines schlechten Gewissens, das Sie dann vielleicht haben, ist es jedoch wichtiger, das Gleichgewicht mittel- beziehungsweise längerfristig wieder herzustellen.

Übung zur Selbstreflexion

Mit dieser Übung können Sie leicht herausfinden, wie es mit der Balance in Ihrem Leben aussieht und in welchen Bereichen Sie über mögliche Veränderungen nachdenken sollten:

Es gibt in meinem Leben zu viel an …	Es gibt in meinem Leben zu wenig an …

Was können Sie von dem »zu viel« abgegeben, damit es von dem »zu wenig« mehr gibt?

Im Sinne des Wortes Work-Life-Balance geht es um zwei Themenbereiche: Was für Ihre Balance im Beruf (»work«) wichtig ist und wie Sie mehr Balance im privaten Leben (»life«) finden, wobei es natürlich inhaltliche Überschneidungen zur Arbeit gibt. Bei dem Aspekt »life« handelt es sich um die Themen, die nach dem Lebensbalance-Modell von Peseschkian den Säulen Gesundheit, Sinn und Kultur zuzuordnen sind.

Für viele Menschen spielt die Befriedigung ihrer Bedürfnisse bei der Arbeit eine ganz zentrale Rolle. Sie definieren sich durch ihre Arbeit, finden dort Sinn und Bestätigung, Anerkennung und Möglichkeiten zur Selbstverwirklichung. Auch die Befriedigung anderer Bedürfnisse wie nach Nähe, Zuneigung und Vertrautheit wird immer wieder ins Arbeitsleben hereingetragen. Hier stellt sich jedoch die Frage, was Ihnen Ihre Arbeit beziehungsweise Ihre Firma »geben« soll und kann. Welche Bedürfnisse können dort mittel- bis langfristig überhaupt befriedigt werden und welche gehören eher in den Bereich des privaten Lebens? Wenn Sie von Ihrer Arbeit erwarten, dass Sie dort dauerhaft den Schlüssel zu Ihrem persönlichen Lebensglück finden, besteht die Gefahr, dass Sie bald enttäuscht werden. Firmen sollen und wollen nicht glücklich machen. Es liegt ganz alleine an Ihnen, den Schlüssel zu Ihrem persönlichen Glück zu finden – und zwar sowohl im Berufs- als auch im Privatleben.

Außerdem verändern sich nach meiner Erfahrung die Anforderungen an die eigene Zufriedenheit und das persönliche Glück immer wieder. Es kann sein, dass nach ein paar Jahren der Schlüssel nicht mehr in das bisher vorgesehene Lebensglücks-Schloss passt. Sie können dann den Schlüsseldienst rufen, das heißt Sie können sich bei Ihrem Arbeitgeber oder anderen Menschen in Ihrem Umfeld über die fehlende Befriedigung Ihrer Bedürfnisse beschweren. Oder Sie nehmen die Situation selbst in die Hand und suchen sich ein neues Schloss, das wieder zu Ihrem Schlüssel zum Lebensglück passt. Dafür ist es jedoch notwendig, Entscheidungen zu treffen.

TIPP

Mit Entscheidungen tun sich viele Menschen schwer, weil sie endgültig erscheinen und die Konsequenzen oft nicht absehbar sind. Oder weil es um die Befürchtung geht, dass ihnen etwas entgeht, wenn sie sich für eine Möglichkeit entscheiden. Nicht alle Entscheidungen sind jedoch endgültig – oft genug geht es um ein »und« statt eines »entweder – oder«. Entscheidungen zu treffen und umzusetzen heißt auch etwas zu ändern und Verantwortung für das eigene Leben zu übernehmen – und damit auch angestauten Frust abzubauen.

Wie können Sie konkret vorgehen, wenn Sie etwas in Ihrem Leben ändern möchten? In Bezug auf jeden Aspekt der Lebensbalance ist es wichtig, dass Sie sich fragen:

- Was ist mir wichtig?
- Was kann ich tun?
- Was kommt zu kurz?
- Wo kann ich etwas verändern?

Beruf und Finanzen

Zum Thema Motivation und Erfüllung bei der Arbeit: Was bedeutet Ihre Arbeit für Sie: Berufung oder Job? Wie oft fühlen Sie sich überfordert oder unterfordert? Wie gut können Sie Ihre Stärken und Talente bei Ihrer Arbeit einbringen und nutzen?

Zum Thema Effizienz und Regeneration: Wie gehen Sie mit Störungen bei der Arbeit um? Wie sieht es mit Ihren Möglichkeiten zur Regeneration aus? Haben Sie schon einmal an die Möglichkeit eines zehnminütigen Mittagsschlafes (bis Ihnen Ihr Schlüsselbund aus der Hand fällt) gedacht? Diese Form der Kurzentspannung, auch »Powernapping« genannt, wird inzwischen in vielen angloamerikanischen Unternehmen sehr geschätzt. Was nutzen Sie ansonsten für Entspannungsmöglichkeiten, zum Beispiel als kurze Entspannungsübungen auf der Toilette oder bei einem Spaziergang in der Mittagspause? Bedenken Sie, dass Ihr Biorhythmus nach fünfzig Minuten konzentrierter Arbeit zehn Minuten Pause fordert!

Zum Thema Fachliche Weiterbildung: Welche Weiterbildungsmöglichkeiten nutzen Sie innerhalb Ihrer Firma? Was gibt es neben Seminaren oder Workshops für Sie für Möglichkeiten, beispielsweise in Form von Büchern, CDs, Computer-based Trainings, im Internet oder an Fernstudiengängen?

Zum Thema Finanzmanagement: Wie sieht Ihre persönliche Finanzplanung aus? Haben Sie eine Übersicht Ihrer monatlichen Einnahmen und Ausgaben? Legen Sie einen festen Betrag zur Altersvorsorge oder für größere Anschaffungen zurück?

Familie und soziale Kontakte

Zum Thema *Beziehung, Partnerschaft, Ehe*: Wie sorgen Sie für sich selbst? Wie viel gemeinsame Zeit verbringen Sie mit Ihrem Partner/Ihrer Partnerin? Wie viel Zeit haben Sie, um miteinander zu reden? Wie oft haben Sie sich schon überlegt, dass Sie gerne abends unter der Woche gemeinsam etwas unternehmen wollen, es aber nie in die Tat umsetzen, weil Sie immer so lange arbeiten? Und dann kommen Sie doch wie jeden Abend vollkommen geschafft nach Hause und entspannen sich vor dem Fernseher – und aus Ihrem guten Vorsatz ist wieder nichts geworden.

TIPP

Ein guter Tipp aus der Praxis: Machen Sie mit Ihrem Partner beziehungsweise Ihrer Partnerin einen festen Termin aus, beispielsweise alle zwei Wochen mittwochs ab 18 Uhr gehört der Abend Ihnen. Dieser Termin muss geplant werden – am besten tragen Sie ihn bereits für die nächsten Monate in Ihren Kalender ein, damit er einen verbindlichen Charakter bekommt. Ihre Spontaneität beginnt dann bei der Gestaltung des Abends – ob Sie essen, ins Kino, Theater oder Museum gehen ... Es ist wichtig, dass Ihr »Date« eine hohe Priorität hat und Sie sich vorher überlegen, welche Art von beruflichen Terminen dazwischenkommen darf – eine wichtige Dienstreise: ja; ein Gespräch mit einem Mitarbeiter oder Ihrem Vorgesetzten, wenn es nicht dringend ist: nein. Für den Fall einer Terminverschiebung ist es wichtig, dass Sie direkt einen verbindlichen Ersatztermin in zeitlicher Nähe vereinbaren, also beispielsweise für den Vor- oder den Folgeabend.

Noch einmal: Die Planung dieses »Dates« ist für die Rahmenbedingungen erforderlich, damit Sie Ihr Vorhaben mehr als vielleicht nur zwei Mal umsetzen und es nicht schnell wieder im alltäglichen Trott untergeht oder Opfer Ihres inneren Schweinehunds wird, die Ausführung und Gestaltung des Abends obliegt Ihrer Spontaneität und Kreativität – und unterscheidet sich damit erheblich von Geschäftsterminen.

Zum Thema *Kinder, Eltern, Verwandte*: Wie wichtig sind Ihnen die Kontakte? Wie intensiv pflegen Sie sie?

Zum Thema *Freunde, Bekannte und ein gutes Netzwerk*: Wie intensiv betreiben Sie in Ihrer Freizeit Networking, dabei vor allem das Prinzip von Geben und Nehmen? Wie viele Kontakte haben Sie außerhalb Ihres beruflichen Umfeldes? Erfahrungsgemäß kommt man mit Kollegen sehr schnell wieder auf das Thema Arbeit zu sprechen, was nicht sehr förderlich für die Entspannung ist.

Zum Thema *Soziales und politisches Engagement*: Wo übernehmen Sie Verantwortung? Wo geben Sie wertvolle Zeitspenden für eine ehrenamtliche Aktivität?

Gesundheit und Fitness

Zum Thema *Vorsorgechecks und -wissen*: Wann waren Sie zum letzten Mal beim Arzt und haben sich durchchecken lassen?

Zum Thema *Ernährung*: Wie viel Flüssigkeit nehmen Sie täglich zu sich? Wie ausgewogen ist Ihre Ernährung?

Zum Thema *Bewegung und Sport*: Wie oft nehmen Sie Minibewegungsgelegenheiten im Alltag wahr, nehmen also die Treppe statt Fahrstuhl zu fahren, gehen beim Telefonieren hin und her, sofern Sie sich keine Notizen machen müssen, oder arbeiten häufiger mal im Stehen? Wie oft betreiben Sie Sportarten, bei denen man sich möglichst gleichmäßig und rhythmisch bewegt? Laufen, walken und radeln sind vermutlich deshalb so beliebt geworden.

Zum Thema *Stressmanagement und Entspannung*: Wie gut kennen Sie Ihre persönlichen Stressoren (beruflich/privat)? Was gibt es für Änderungsmöglichkeiten? Haben Sie schon »Ihre« Entspannungsmethode entdeckt? Beispielsweise autogenes Training, Yoga, Progressive Muskelentspannung, Meditation etc.

Zum Thema *Planungsgrundsätze*: Auch im Privatleben gilt die Unterscheidung nach Dringlichkeit und Wichtigkeit von Aufgaben. Wie halten Sie es damit? Wollen Sie es jedem recht machen und lassen sich für viele sogenannte Freundschaftsdienste einspannen, über die Sie sich hinterher ärgern? Oder denken Sie auch an sich und Ihre Bedürfnisse und können manchmal »Nein« sagen? Vergessen Sie nicht: Auch Sie haben ein Recht auf freie Zeit, die nur Ihnen und Ihren Bedürfnissen gehört. Das müssen keine Stunden oder Tage sein, manchmal wirken auch ein paar Minuten Rückzugszeit Wunder.

Sinn und Kultur

Zum Thema *Werte, Sinn und Vision*: Was wollen Sie wirklich? Was ist Ihre Lebensvision?

Nicht nur Unternehmen brauchen Visionen für ihre Zukunftsfähigkeit, sondern auch jeder Mensch sollte sie haben. Der Vorteil einer klaren Vision liegt darin, dass sie Sie inspiriert und stimuliert. Sie setzt emotionale Energie frei und gibt Ihnen das Gefühl, an einer wichtigen Sache zu arbeiten, nämlich an Ihrer Sache. Ihre Vision vermittelt Ihnen, wer Sie sind, und trägt zu Ihrer inneren Identifikation bei. Sie gibt Ihren Handlungen Sinn und ein Ziel und manchmal relativiert sie auch die Bedeutung von Alltagsproblemen.

Es gibt verschiedene Phasen zur Entwicklung Ihrer persönlichen Vision:

- Suchen Sie sich einen Ort und Zeitraum, an dem Sie ungestört und entspannt an Ihrer Lebensvision arbeiten können. Gönnen Sie sich Zeit und Ruhe für diese wichtige Aufgabe.
- Lassen Sie Ihren Gedanken und Ideen freien Lauf. Sammeln Sie alles, was Ihnen einfällt, im Sinne eines Brainstormings auf einem Blatt Papier oder zeichnen Sie ein Mindmap. Fragen Sie sich dabei, welchen Sinn Sie Ihrem Leben geben möchten. Was ist Ihnen wichtig?
- Präzisieren Sie Ihre Überlegungen, treffen Sie eine Auswahl, was Ihnen wirklich wichtig ist, und fällen Sie Entscheidungen. Welche Träume hatten Sie schon einmal? Was ist daraus geworden? Welche Träume haben Sie heute? Welche möchten Sie auf jeden Fall verwirklichen? Notieren Sie Ihre Entscheidungen.
- Auf dem Blatt Papier vor Ihnen steht jetzt Ihre Vision.
- Damit Träume nicht Schäume sind, ist es als weitere Aufgabe erforderlich, dass Sie Ihre Vision ständig weiterentwickeln und verbessern. Im Unternehmen sind Soll-Ist-Vergleiche und Controlling zur Erfolgskontrolle selbstverständlich, das Gleiche gilt auch für Ihre Vision. Hinterfragen Sie am besten jährlich, welche Motive hinter Ihrer Vision stehen. Haben diese noch Gültigkeit? Wo sind Veränderungen oder Anpassungen notwendig?

Zum Thema *Innerlich auftanken*: Wobei können Sie auftanken? Was erfüllt Sie innerlich? Lesen, Spielen, Sport, Natur, ein warmes Bad, Musik, Theater, Gespräche …? Oder auch einfach nur »Löcher in die Luft gucken« und nichts tun? Wie viel Zeit nehmen Sie sich dafür?

Zum Thema *Kultur und Persönlichkeitsentwicklung*: Wann waren Sie das letzte Mal in einem Konzert, der Oper, im Theater oder im Kino? Wann haben Sie zuletzt ein Museum oder eine Ausstellung besucht? Wie sieht es aus mit privaten Weiterbildungsseminaren oder Vorträgen zu Themen, die nichts mit Ihrer Arbeit zu tun haben?

Ein spannendes Thema ist auch der tägliche Fernsehkonsum. Mit welcher Intention gucken Sie Fernsehen? Um sich über ein bestimmtes Thema zu informieren oder nur um sich berieseln zu lassen? Wenn Sie täglich eine halbe Stunde weniger fernsehen und stattdessen lesen, werden Sie überrascht sein, wie viele Bücher Sie über das ganze Jahr hinweg gelesen haben werden. Eine überlegenswerte Alternative zu einem Fernsehprogramm, das oft nur aus Wiederholungen oder Filmen mit vielen Werbeblöcken besteht.

Manchmal ist es allerdings auch ganz schön, sich einfach nur berieseln zu lassen, beispielsweise nach einem anstrengenden Arbeitstag und dann ohne schlechtes Gewissen.

Wenn Sie merken, dass in Ihrer Lebensbalance einzelne Bereiche zu kurz kommen, stellt sich folgende Frage: Wie können Sie die Ihrer Meinung nach notwendigen Veränderungen konkret angehen? Vor allem, indem Sie nicht alles von heute auf morgen ändern wollen, sondern schrittweise vorgehen. Lebensbalance stellt sich nicht auf einmal ein, sie will bewusst angegangen und geplant werden.

Ich möchte Sie anregen herauszufinden, was am besten zu Ihnen passt. Solche Lösungen sind erfahrungsgemäß am einträglichsten.

- Notieren Sie in der folgenden Tabelle, wie viele Stunden Sie pro Woche in die verschiedenen Lebensbereiche investieren.
- Bewerten Sie, wie zufrieden Sie mit den einzelnen Aspekten Ihrer Lebensbereiche sind, am besten auf einer Skala von -1 bis +1 (-1 = unzufrieden, 0 = neutrale Einstellung, +1 = zufrieden).
- Überlegen Sie, was Sie in jedem einzelnen Lebensbereich verändern beziehungsweise verbessern möchten, um Ihr Leben in eine Balance zu bringen.
- Malen Sie sich für jeden Ihrer Lebensbereiche Ihre Wunschvorstellungen für die Zukunft aus. Stellen Sie sich konkret vor, wie es in drei Jahren aussehen könnte.

Lebensbereich	**Stunden/ Woche**	**Was machen Sie tatsächlich?**	**Wie zufrieden sind Sie?**	**Was wollen Sie konkret verändern?**
Beruf und Finanzen				
Familie und soziale Kontakte				
Gesundheit und Fitness				
Sinn und Kultur				

Es ist übrigens nicht das Ziel einer Lebensbalance, dass Sie noch mehr aus sich herausholen, sondern dass Sie Ihr Leben durch eine effektivere Gestaltung Ihrer Lebens- und Arbeitsprozesse ausgeglichener führen und bereichern.

Neben der Frage nach den verschiedenen Lebensbereichen, die es zu berücksichtigen gilt, spielt auch die Lebensphase, in der Sie sich gerade befinden, eine wichtige Rolle. Jede Lebensphase bringt eigene typische Fragestellungen mit sich. Das Konzept der Lebensphasen ist wie das Modell der Lebensbalance nicht als statisch zu verstehen, sondern soll lediglich eine Orientierungshilfe geben, das heißt es ist gut möglich, dass Sie sich bereits über Themen Gedanken machen, die in Ihrer Altersgruppe noch gar nicht vorgesehen sind, oder dass andere Fragestellungen für Sie vollkommen unbedeutend sind.

Geburt bis Ende der Ausbildung: Jahre des Lernens und Entdeckens
Wie funktioniert die Welt? Was gibt es zu entdecken? Was können Sie tun, was dürfen Sie nicht tun? Wer ist für Sie da? Was macht Ihnen Spaß? Wie können Sie sich durchsetzen? Wie erleben Sie Macht? Wo ist Ihr Platz in dieser Welt?

Bis Ende zwanzig: Jahre des Erlebens und Genießens
Wie können Sie Ihre Bedürfnisse und Wünsche ausleben? Wo und mit wem möchten Sie Spaß haben? Wo sind die Leute, die zu Ihnen passen? Wie verdienen Sie schnell Geld? Was möchten Sie im Job erreichen?

Von dreißig bis Mitte vierzig: Zeit der Entwicklung und Konsolidierung
Was haben Sie bis jetzt erreicht? Wie stellen Sie sich Ihren weiteren Berufsweg vor? Was haben Sie aus Ihren Erfahrungen gelernt und wie können Sie diese am besten für sich nutzen? Wie und mit wem möchten Sie Ihr Leben gestalten (Familie, Kinder)? Was brauchen Sie für Ihre persönliche Entwicklung? Welche Prioritäten gibt es in Ihrem Leben? Was ist Ihnen in den einzelnen Lebensbereichen besonders wichtig? Wie möchten Sie später leben? Was können Sie schon heute dafür tun?

Mitte vierzig bis Ende fünfzig: Zeit veränderten Bewusstseins und neuer Herausforderungen
Worin waren Sie bisher besonders erfolgreich? Welche neuen Chancen bieten sich Ihnen? Wie können Sie Ihre Fähigkeiten noch besser einsetzen? Welche Dinge sind Ihnen ganz besonders wichtig? Worauf können Sie verzichten, was vom Alten können Sie ablegen?

Anfang sechzig und die folgenden Jahre: Zeit der Freude und Aktivität
Worauf können Sie zurückblicken? Wie können Sie ein aktives Leben gestalten? Welche Potenziale möchten Sie weiterhin nutzen? Was möchten Sie noch erleben? Was wollten Sie immer schon mal tun, wenn Sie genügend Zeit hätten? Was können Sie vielleicht für die Gemeinschaft tun?

Übung zur Selbstreflexion

Nun wieder zu Ihnen. In welcher Lebensphase befinden Sie sich? Welche Fragen beschäftigen Sie?

Meine Lebensphase:

Diese Fragen beschäftigen mich:

KOMPAKT

Damit es Ihnen bei Ihrer Arbeit gut geht, ist es wichtig, dass Sie auf Ihre Lebensbalance oder »Work-Life-Balance« achten. Es gibt vier Bereiche, die für Ihre Lebensbalance eine Rolle spielen: Beruf und Finanzen, Familie und soziale Kontakte, Gesundheit und Fitness sowie Sinn und Kultur. Keiner dieser Bereiche sollte in Ihrem Leben dauerhaft zu kurz kommen. Eine ausgewogene Lebensbalance ist kein statisches Modell, sondern eine Bereicherung für Ihre persönliche Entwicklung und Ihr Wohlergehen.

Wenn sich zu viel Frust in Ihrem Leben angestaut hat, ist es notwendig, Verantwortung zu übernehmen, Entscheidungen zu treffen und Ihrem Leben – beziehungsweise Teilen davon – eine neue Richtung zu geben. Das erfordert Mut, Kraft und Durchhaltevermögen sowie die Bereitschaft, sich auf gewisse Unsicherheiten einzulassen. Sie zu investieren lohnt sich! Sie werden bald mit mehr Zufriedenheit und dem Wiedererlangen Ihrer inneren Balance belohnt werden.

Neben einer ausgewogenen Lebensbalance spielen auch zentrale Fragen, die Sie sich stellen, eine Rolle für Ihr Befinden. Diese zentralen Fragen lassen sich bestimmten Lebensphasen zuordnen.

Bin ich krank?
Der Unterschied zwischen Coaching und Therapie

10

In Kapitel 8 habe ich bereits angesprochen, dass es sinnvoll und notwendig sein kann, dass Sie sich von professioneller Seite Unterstützung holen, um die Schwierigkeiten mit Ihrem Chef oder Ihrem Kollegen besser in den Griff zu bekommen. Insbesondere dann, wenn Sie bereits gesundheitliche oder psychische Beschwerden haben.

Es gibt aber auch noch eine andere Art der Unterstützung, die für Sie hilfreich sein kann, nämlich ein Coaching. In Krisensituationen ist es besonders wichtig, die Lage zu reflektieren und nach möglichen Auswegen und Alternativen zu suchen. Es ist schön, wenn Sie einen (Ehe-) Partner oder gute Freunde und Bekannte für diesen Austausch haben. Es kann aber auch zu einer großen Belastung werden, wenn sich in jedem Gespräch alles nur noch um die Arbeit dreht. Vielleicht möchten Ihre Lieben sich auch nicht mehr länger mit diesem Thema auseinandersetzen oder sie sehen selbst keinen Ausweg.

Das Gespräch mit einem Coach trägt dazu bei, die andere Seite der Medaille zu beleuchten und ein professionelles Feedback zu bekommen. Coaching bedeutet übrigens nicht, dass Sie nicht in der Lage sind, Ihre Probleme selbst in den Griff zu bekommen oder dass Sie krank sind.

Coaching und Psychotherapie sind zweierlei Paar Schuhe. An einen Psychotherapeuten wenden Sie sich, wenn Sie psychische oder psychosomatische Krankheiten oder Verhaltensstörungen haben, also wenn Ihnen zu Ihrer psychischen Genesung etwas fehlt. Psychotherapie ist im deutschen Gesundheitssystem fest verankert, die Kosten für eine psychotherapeutische Behandlung werden in vielen Fällen von der Krankenkasse übernommen.

Coaching hat nichts mit Therapie oder Krankheit zu tun, ein Coach arbeitet mit den »gesunden« Ressourcen seines Klienten oder seiner Klientin. Das heißt, Sie erarbeiten beispielsweise mit Ihrem Coach, wie Sie bisher mit Problemen umgegangen sind, welche Strategien Sie angewendet haben und welche davon in der aktuellen Situation nutzbar sind. Vielleicht sind Sie aufgrund der stressigen Situation bisher nur nicht auf die Idee gekommen, dass Sie bereits über geeignete Lösungswege verfügen. Es kann also sein, dass Sie sozusagen betriebsblind waren oder dass Sie sich eine Lösung des Problems einfach nicht mehr zugetraut haben. Es ist aber auch möglich, dass alte Verhaltensmuster aufbrechen, die immer in die gleiche Sackgasse geführt haben. In diesem Fall erarbeiten Sie mit Ihrem Coach gemeinsam neue Lösungswege, die Sie dann anschließend ausprobieren und im weiteren Verlauf des Coachings optimieren. Bis Sie zu einer zufriedenstellenden Lösung kommen.

TIPP

Coaching bedeutet immer Hilfe zur Selbsthilfe. Ihr Coach löst also nicht Ihre Probleme, sondern er unterstützt und begleitet Sie dabei, für Sie geeignete Problemlösungen zu finden. Coaching leistet damit einen wichtigen Beitrag zu Ihrer Persönlichkeitsentwicklung.

Damit kann Coaching von großem Nutzen für Ihre berufliche Tätigkeit und Ihre Karriere sein. Und das nicht nur in Krisensituationen, wenn es darum geht, einen Ausweg zu finden.

Frustabbau durch Coaching

Zu mir kommen sehr oft Kunden, die mit ihrer beruflichen Situation unzufrieden sind, sich unter- oder überfordert fühlen oder die ihre aktuelle Tätigkeit langweilt, weil es immer der gleiche Trott ist. Sie arbeiten sozusagen mit angezogener Handbremse, können und wollen diesen Zustand aber nicht länger akzeptieren. Sie möchten sich gerne beruflich verändern, wissen allerdings nicht genau, in welche Richtung es gehen soll.

Viele Menschen haben bereits einen ganzen Bauchladen an Qualifikationen und Kompetenzen angesammelt, sie haben dennoch nur eine ungefähre Vorstellung davon, was ihre eigentlichen Stärken sind beziehungsweise was sie gerne machen. Im Coaching gibt es je nach Qualifikationen, Kompetenzen und Erfahrung des Coaches verschiedene Vorgehensweisen, die eigenen Stärken und Vorlieben herauszufinden.

Unabhängig von dem methodischen Vorgehen des Coaches stehen für die berufliche Zukunft in der Regel drei Alternativen zur Auswahl:

Love it, change it or leave it.

Love it: Sie können Ihre Einstellung zu Ihrer Tätigkeit verändern. Vielleicht arbeiten Sie ja in einem netten Team von Kollegen und Kolleginnen, mit denen Sie weiterhin zusammenarbeiten möchten. Oder Ihnen bleibt nach der Arbeit genügend Energie für ein interessantes Hobby oder Ehrenamt. Oder Sie bilden sich abends zu einer neuen Tätigkeit fort, die Sie dann später in Angriff nehmen wollen. Vielleicht finden Sie andere Vorteile, die Ihnen bisher noch nicht aufgefallen sind?

Beispiel: *Im Coaching berichtete mir eine Klientin, dass sie sich sozial gerne mehr engagieren möchte beziehungsweise über eine Tätigkeit im sozialen Bereich nachdenke. Ihre aktuelle Arbeit in einer Verwaltung war ihr zu trocken, sie hatte dort nach ihrer Meinung zu wenig mit anderen Menschen zu tun. Aufgrund ihrer beruflichen Qualifikationen und der aktuellen Arbeitsmarktlage erschien es meiner Klientin und mir eher unrealistisch und schwierig, kurzfristig als Quereinsteigerin eine entsprechende Stelle in einer Non-Profit-Einrichtung zu finden. Sie wollte sich informieren, welche Themenfelder langfristig für sie überhaupt infrage kommen und welche zusätzlichen Qualifikationen sie dafür gegebenenfalls noch benötigt. Der Abschied aus ihrer aktuellen Stelle wäre meiner Klientin aufgrund des guten Arbeitsklimas im Kollegenkreis sehr schwergefallen, sodass sie auch ganz froh war, dort weiter arbeiten zu können. Allerdings sprach sie mit ihrem Chef eine Reduzierung ihrer Arbeitszeit ab, damit sie sich in ihrer Freizeit in einem für sie zufriedenstellenden Ausmaß ehrenamtlich engagieren und in verschiedene Bereiche hineinschnuppern kann. Mit dieser Lösung, die die Möglichkeit für eine längerfristige berufliche Veränderung nicht ausschloss, war meine Klientin sehr zufrieden.*

Change it: Sie finden heraus, was es für Veränderungsmöglichkeiten in Ihrer aktuellen Stelle gibt, zum Beispiel durch neue Aufgaben und mehr Verantwortung. Ein offenes Gespräch mit Ihrem Chef kann manchmal Wunder bewirken.

Beispiel: *Ein Seminarteilnehmer berichtete, dass er schon lange den Wunsch gehegt habe, mehr im internationalen Umfeld seines Unternehmens tätig zu sein. Er reise gerne und die sprachliche Verständigung sei auch kein Problem, da er Englisch und Französisch verhandlungssicher beherrsche. Bei dem jährlichen Mitarbeiter-Gespräch sprach er seinen Chef* *auf seinen Wunsch an, gemeinsam haben sie dann nach Möglichkeiten in der Abteilung beziehungsweise im Konzern gesucht. Wenige Wochen nach dem Seminar sollte der Teilnehmer dann in den Vertrieb des Unternehmens wechseln und dort Kunden im Nahen Osten und Nordafrika betreuen. Das war eine neue Herausforderung, auf die der Seminarteilnehmer sich bereits sehr freute.*

Leave it: Sie suchen sich eine neue Stelle, entweder im gleichen oder in einem anderen Unternehmen, oder aber Sie machen etwas völlig anderes. Beispielsweise sich fortbilden und Ihren Traumberuf ergreifen. Oder sich mit einer schon lange gehegten Geschäftsidee selbstständig machen. Bei dieser Alternative ist es jedoch wichtig, dass Sie sich gut überlegen, was Sie machen wollen, denn sonst besteht die Gefahr, dass Sie vom Regen in die Traufe kommen.

Beispiel: *Eine Workshopteilnehmerin erzählte, dass sie nach einem Coaching ihr Hobby zum Beruf gemacht habe. Sie habe immer schon gerne gesungen – und das wohl auch nicht gerade schlecht, wie sie aus Rückmeldungen ihrer Zuhörer erfuhr. Sie hatte bereits über viele Jahre Gesangsstunden genommen und immer wieder kleine Engagements wie Auftritte auf Geburtstagsfeiern oder Hochzeiten angenommen. Irgendwann war sie dann ins kalte Wasser gesprungen, hatte ihren Arbeitsvertrag bei einer Versicherung gekündigt und eine Anstellung als Sängerin in dem Chor einer Opernbühne angenommen. Der Wechsel war ihr nicht ganz leichtgefallen, zumal die Stellensituation und die Zukunftsperspektiven in den Theaterbetrieben alles andere als sicher sind, auch die Verdienstmöglichkeiten sind schlechter. Dennoch habe sie ihre Entscheidung nie bereut, zumal sie in den Theaterferien die Möglichkeit habe, Engagements auf Festivals anzunehmen oder Workshops zu veranstalten. Das* *waren Freiheiten und ein Ausmaß an Flexibilität, die sie bei ihrem alten Job nicht gekannt habe und die sie nicht mehr missen möchte.*

Diese Beispiele illustrieren, dass ein Coaching nicht nur zur Lösung von Problemen beitragen kann, sondern einen Perspektivenwechsel ermöglichen und damit Ihrer beruflichen Karriere einen neuen Kick geben kann. Ich möchte sogar so weit gehen, jedem Menschen zu empfehlen, sich wenigstens ein Mal ein Coaching zur persönlichen Standortbestimmung zu »gönnen«. Für Ihr körperliches Wohlbefinden sorgen Sie ganz selbstverständlich, indem Sie beispielsweise in den Urlaub fahren, Sport treiben, in die Sauna gehen, sich entspannen oder andere Dinge machen, die Ihnen guttun. Warum also nicht auch etwas für Ihr seelisches Wohlbefinden und Ihre Persönlichkeit tun? Aus meiner Erfahrung als Coach kann ich Ihnen sagen, dass es eine Investition ist, die sich auf alle Fälle lohnt.

Tipps für die Suche nach einem Coach

Wenn Sie sich zu Veränderungen in Ihrem beruflichen Leben und zu einem Coaching entschlossen haben, folgt direkt die nächste Hürde: Wo finden Sie einen guten Coach? Das Angebot an Coaches ist in den vergangenen Jahren nahezu exponentiell angestiegen. Kaum jemand, der kein Coaching anbietet, kaum eine Sache, die heute nicht gecoacht wird. Und das größte Problem: Es gibt keine offiziell anerkannten Qualitätsstandards, die Berufsbezeichnung des Coaches ist nicht geschützt. Das heißt, jeder kann sich heute als Coach betätigen.

Leider hat in den vergangenen Jahren auch die Zahl an Coach-Datenbanken und Coach-Verbänden ein unüberschaubares Ausmaß angenommen, sodass Sie auch dort kaum noch Orientierung finden.

Um dennoch fündig zu werden, empfehle ich Ihnen folgendes Vorgehen:

- Gute Coaches werden weiterempfohlen. Fragen Sie in Ihrem Freundes- oder Bekanntenkreis nach, wer gute Erfahrungen mit einem Coach gemacht hat. Möglicherweise werden Sie auch überrascht sein zu erfahren, wie viele Menschen sich bereits ein Coaching »gegönnt« haben.
- Etliche Coaches bieten Workshops oder Vorträge bei Weiterbildungsanbietern an. Schauen Sie also in die Programme von Akademien, Bildungszentren, Volkshochschulen etc. vor Ort. Sie haben hier oft kostengünstig die Möglichkeit, sich bei einer Veranstaltung einen ersten Eindruck von der Vorgehensweise eines Coaches zu verschaffen und herauszufinden, ob er oder sie Ihnen sympathisch ist oder nicht.
- Wenn Sie bereits Namen von verschiedenen Coaches kennen, finden Sie heraus, wie sie vorgehen. Die meisten Coaches haben eigene Homepages im Internet. Dort erfahren Sie in der Regel, über welche Qualifikationen der Coach verfügt und wie er oder sie arbeitet. Besonders wichtig sind fundierte psychologische Kenntnisse – am besten in Form eines abgeschlossenen Psychologie-Studiums – und eine entsprechende Coaching-Ausbildung. Ein seriös arbeitender Coach macht seine Qualifikationen, Kompetenzen und Vorgehensweisen transparent.
- Vereinbaren Sie ein unverbindliches Vorgespräch mit dem Coach. Dies ist manchmal kostenfrei möglich, oft ist es auch kostenpflichtig, wobei manche Coaches diesen Betrag

anschließend mit dem Coaching-Honorar verrechnen.
Dieses Vorgespräch dient dazu, Ihr Anliegen abzuklären und herauszufinden, ob die Chemie zwischen Ihnen und dem potenziellen Coach stimmt. Wenn Sie kein Vertrauen zu dem Coach haben oder ihn oder sie unsympathisch finden, kann keine fruchtbare Zusammenarbeit entstehen. Von daher ist die Bedeutung des Vorgespräches nicht zu unterschätzen.

- Verlassen Sie sich bei der Entscheidung für oder gegen einen Coach neben den objektiven Kriterien wie Qualifikationen, Vorgehensweise, Kosten und Terminen auch auf Ihren gesunden Menschenverstand. Sie werden aufgrund Ihrer Lebenserfahrung sicherlich schnell wissen, wer Ihnen zusagt und Ihnen weiterhelfen kann.

Diese Auswahl ist natürlich vollkommen subjektiv und erhebt keinen Anspruch auf Vollständigkeit. Das Finden eines guten Coaches ist eine sehr individuelle und persönliche Angelegenheit und ähnlich schwierig wie die Wahl eines guten Arztes oder das Finden eines Freundes. Letztendlich entscheiden nur Sie, welche Kriterien Ihnen dabei wichtig sind.

Coaching bedeutet Hilfe zur Selbsthilfe. Ihr Coach ist kein Zauberer und löst Ihre Probleme auch nicht für Sie. Die eigentliche Arbeit müssen Sie selbst tun, beispielsweise eingefahrene Wege verlassen und neue Verhaltensweisen ausprobieren. Das erfordert viel Mut und Disziplin. Außerdem brauchen Veränderungen Zeit und Geduld. Auch wenn es Ihnen vielleicht nicht immer leichtfallen wird, die Mühe lohnt sich!

KOMPAKT

Coaching hat nichts mit Krankheit oder Therapie zu tun. Es bedeutet nicht automatisch, dass Sie mit Ihrer Situation überfordert sind und alleine keine Lösung mehr finden.

Ein Coaching kann zu einem Perspektivenwechsel in Bezug auf Ihre berufliche Tätigkeit führen und damit Ihrer Zukunft einen ganz neuen Kick geben.

Die Auswahl eines guten Coaches kann sich bisweilen schwierig gestalten. Objektive Kriterien, wie eine fundierte psychologische Ausbildung, spielen dabei eine Rolle, aber auch Ihr gesunder Menschenverstand und die Frage, ob Ihnen der Coach sympathisch ist oder nicht.

Gönnen Sie sich wenigstens ein Mal ein Coaching. Im Nachhinein werden Sie merken, dass es eine Bereicherung war und Ihnen gutgetan hat – ähnlich wie ein Urlaub, ein Saunabesuch oder andere Dinge, die Sie für Ihr körperliches Wohlbefinden tun.

Zu guter Letzt: Ihr Anti-Frust-Fahrplan

11

In diesem Buch haben Sie eine ganze Reihe von Strategien kennengelernt und Tipps erhalten, wie Sie die Menschen in Ihrem beruflichen Umfeld für Ihre Belange und Interessen gewinnen und sich ihre Unterstützung sichern können – und zwar mit fairen Mitteln, das heißt ohne sie zu manipulieren.

Diese Strategien lassen sich als ein Weg von fünf Schritten zusammenfassen:

1. Schritt: Entwickeln Sie eine positive Einstellung gegenüber Ihrem Chef/Ihrem Kollegen.
Eine positive Einstellung ist die Voraussetzung dafür, dass Sie sich mit ihm konstruktiv auseinandersetzen können. Die Tatsache, dass Sie sich dieses Buch gekauft und bereits bis zu dieser Stelle gelesen haben, lässt darauf schließen, dass Sie über die richtige Einstellung verfügen.

2. Schritt: Lernen Sie Ihren Chef/Ihren Kollegen kennen.
Ihr Chef oder Ihr Kollege wird für Sie ein greifbares Wesen, wenn Sie ihn nicht mehr nur als Vorgesetzten oder Kollegen, sondern auch als Menschen sehen. Dafür ist es förderlich zu wissen, wie er »tickt«, wenn Sie also seine Bedürfnisse und Erwartungen, seine Ziele und was ihn verärgert sowie seine Vorlieben kennen.

3. Schritt: Verstehen Sie die Beweggründe Ihres Chefs.
Das Verhalten Ihres Chefs wird nicht nur durch seine Persönlichkeit beeinflusst, sondern auch durch situative Faktoren, beispielsweise durch das Top-Management des Unternehmens, für das Sie beide arbeiten, durch den Markt und Ihre Kunden, aber auch durch Ihre persönliche Entwicklung. Wenn Sie alle diese Faktoren berücksichtigen, werden

Entscheidungen und Verhaltensweisen Ihres Vorgesetzten für Sie transparenter und besser nachvollziehbar. Das bedeutet übrigens nicht, dass Sie sein Verhalten richtig oder gut finden. »Verstehen« ist nicht zwangsläufig mit »akzeptieren« gleichzusetzen. Es kann allerdings auch sein, dass Sie in seiner Situation genauso gehandelt hätten.

4. Schritt: Verändern Sie Ihr eigenes Verhalten.
Da nicht Ihr Chef oder Ihr Kollege dieses Buch liest oder ein Buch über einen konstruktiven Umgang mit anderen, bleibt es an Ihnen, Ihr Verhalten zu ändern. Dafür haben Sie mit diesem Buch eine ganze Reihe von Strategien und Tipps an die Hand bekommen. Probieren Sie sie aus. Übung macht den Meister! Und Sie werden bald merken: wie man in den Wald hineinruft, so schallt es heraus. Das heißt: Ihr neues Verhalten wird nicht lange unbemerkt bleiben und Ihr Chef beziehungsweise Ihr Kollege wird sein Verhalten ebenfalls modifizieren. Und Sie bei der Erreichung Ihrer Anliegen und Ziele mehr unterstützen, als es bisher der Fall war.

Die Tipps und Anregungen, die Sie in diesem Buch erhalten haben, eignen sich übrigens nicht für die Menschen in Ihrem beruflichen Umfeld. Sie können sie in Ihrem privaten Leben ebenfalls nutzen. Denn auch dort gilt: Die anderen können Sie nicht ändern, nur sich selbst und Ihr eigenes Verhalten. Und auch dort werden Sie bald merken, dass es weniger Frust gibt, wenn Sie sich mehr auf Ihre Gesprächspartner einstellen, ihnen auf ihrer Sonnenseite begegnen, besser miteinander reden und selbstbewusster auftreten.

5. Schritt: Seien Sie hartnäckig und lassen Sie sich nicht gleich entmutigen.

Je nachdem, was für ein harter Brocken Ihr Chef oder Ihr Kollege ist, kann es allerdings etwas länger dauern, bis er sich in Ihrem Sinne verhält. Ganz wichtig ist, dass Sie nicht aufgeben und sich nicht entmutigen lassen. Sie wissen vielleicht von sich selbst, wie überaus schwierig und langwierig es ist, Gewohnheiten abzulegen. Seien Sie auch großzügig mit Ihrem Chef beziehungsweise Ihrem Kollegen, wenn er mal wieder in alte Fahrwasser zurückfährt. Sie wissen ja: Er oder sie ist auch (nur) ein Mensch.

Viel Erfolg dabei. Und vergessen Sie nicht: Es ist noch kein Meister vom Himmel gefallen! Auch Ihre Gesprächspartner werden sich erst einmal daran gewöhnen müssen, dass Sie sich nun in manchen Situationen anders verhalten, als Sie es bisher getan haben.

Anhang

12

Anmerkungen

[1] Äsop: Der Nordwind (Nöllke, 2002)
[2] von Rosenstiel, 2009: 3
[3] Malik, 2006
[4] Die Kaufmannsprüfung (Eine chassidische Geschichte)
[5] Nölle, 2002
[6] Peseschkian, 2006

Literaturhinweise

Bruno, Tiziana; Gregor Adamczyk (2010): Körpersprache. Haufe, Freiburg.

Cain, Susan (2011): Still. Die Bedeutung von Introvertierten in einer lauten Welt. Riemann Verlag, München.

Drühe-Wienholt, Christiane (2008): Plötzlich Führungskraft. Tipps und Tools für effektives Management. BusinessVillage, Göttingen.

Ebbert, Birgit (2010): Coach dich selbst! 50 Karten zur Zielerreichung. Heragon Verlag, Freiburg.

Etrillard, Stéphane (2007): Erfolgreiche Rhetorik für gute Gespräche. 150 Fragen und Antworten zur souveränen Gesprächsführung in Beruf und Alltag. Junfermann Verlag, Paderborn.

Fey, Gudrun (2011): Gelassenheit siegt! Mit Fragen, Vorwürfen, Angriffen souverän umgehen. Walhalla, Regensburg.

Fischer-Epe, Maren; Claus Epe (2004): Stark im Beruf – erfolgreich im Leben. Persönliche Entwicklung und Selbst-Coaching. Rowohlt Taschenbuch Verlag, Hamburg.

Heilmann, Monika (2012): Win-win-Gespräche. Gelassen reden, selbstsicher auftreten, Konflikte vermeiden. BusinessVillage, Göttingen.

Heragon, Claus (2010): Sofortwissen kompakt: Erfolgreich kommunizieren. Gesprächsführung in 50 × 2 Minuten. Heragon Verlag, Freiburg.

Kühne de Haan, Lelia (2012): Ja, aber ... Die heimliche Kraft alltäglicher Worte und wie man durch bewusstes Sprechen selbstbewusster wird. Nymphenburger Verlag, München.

Löhken, Sylvia (2012): Leise Menschen – starke Wirkung. Wie Sie Präsenz zeigen und Gehör finden. Gabal, Offenbach.

Malik, Fredmund (2006): Führen. Leisten. Leben. Campus, Frankfurt am Main.

Mourlane, Denis (2012): Resilienz. Die unentdeckte Fähigkeit der wirklich Erfolgreichen. BusinessVillage, Göttingen.

Nöllke, Matthias (2002): Anekdoten, Geschichten, Metaphern für Führungskräfte. Haufe Mediengruppe, Freiburg.

Nöllke, Matthias (2007): Machtspiele. Die Kunst, sich durchzusetzen. Haufe Mediengruppe, Freiburg.

Nöllke, Matthias (2007): Schlagfertigkeit. Das Trainingsbuch. Haufe Mediengruppe, Freiburg.

Patrzek, Andreas (2008): Wer das Sagen hat, sollte reden können. Handbuch für die Kommunikation von Fach- und Führungskräften. Junfermann Verlag, Paderborn.

Patrzek, Andreas (2010): Fragekompetenz für Führungskräfte. Handbuch für wirksame Gespräche mit Mitarbeitern. Rosenberger Fachverlag, Stuttgart.

Peseschkian, Nossrat (2003): Psychosomatik und positive Psychotherapie. Fischer Taschenbuch-Verlag, Frankfurt am Main.

Peseschkian, Nossrat (2006): Auf der Suche nach Sinn: Psychotherapie der kleinen Schritte. Fischer Taschenbuch-Verlag, Frankfurt am Main.

Rosenstiel, Lutz von; Erika Regnet; Michel E. Domsch (Hrsg.) (2009): Führung von Mitarbeitern. Handbuch für erfolgreiches Personalmanagement. Schäffer Poeschel, Stuttgart.

Scheerer, Harald (2010): Reden müsste man können. Wie Sie durch Ihr Sprechen gewinnen. Gabal, Offenbach.

Schries, Manfred (2010): Sofortwissen kompakt: Körpersprache im Beruf. Businesswissen in 50 × 2 Minuten. Heragon Verlag, Freiburg.

Schulz von Thun, Friedemann; Johannes Ruppel; Roswitha Stratmann (2003): Miteinander reden: Kommunikationspsychologie für Führungskräfte. Rowohlt Taschenbuch Verlag, Hamburg.

Thiele, Albert (2010): Argumentieren unter Stress. Wie man unfaire Angriffe erfolgreich abwehrt. Deutscher Taschenbuch Verlag, München.

Die Autorin

Dr. Christiane-Maria Drühe ist Diplom-Psychologin, Diplom-Betriebswirtschafterin SGBS und MA in Personalentwicklung. Sie ist seit vielen Jahren freiberuflich als Coach, Trainerin und Buchautorin tätig. Mit ihren Dienstleistungen schlägt sie eine Brücke zwischen Management und Psychologie.

Die Autorin hat verschiedene Coaching-Ausbildungen absolviert. Ihr Vorgehen ist systemisch und integrativ.

Ihre Themen sind unter anderem die Führung von Mitarbeitern, die konstruktive Zusammenarbeit mit Vorgesetzten und Kollegen, Konfliktmanagement beziehungsweise der Umgang mit schwierigen Menschen, die Zusammenarbeit in Gruppen und Teams und Teamentwicklung, Kommunikation und Rhetorik, Selbst- und Zeitmanagement. Außerdem unterstützt sie Menschen, die sich beruflich neu orientieren möchten, dabei, ihre Potenziale zu entfalten.

Dr. Christiane-Maria Drühe lehrt außerdem an verschiedenen bayerischen Hochschulen und bringt dort angehenden Ingenieuren und MBA-Studierenden Schlüsselqualifikationen und Soft Skills nahe. Sie lebt und arbeitet in München.

Kontakt:

E-Mail: c.druehe@strategisches-coaching.de
Internet: www.strategisches-coaching.de

BusinessVillage